다시 생각하는 원자력

다시 생각하는 원자력

원자력의 올바른 이해를 위하여

어근선 지음

머리말

　　우리가 원자력을 알게 된 것은 고작 백여 년 전입니다. 1895년 독일의 물리학자 빌헬름 뢴트겐이 방사선 중 X선을 최초로 발견했습니다. 1년 후 1896년 프랑스의 앙리 베크렐은 우라늄이 X선과 유사한 투과력을 가진 광선을 자발적으로 발생시키는 현상을 발견했지요. 이에 자극을 받은 마리 퀴리가 학위 논문을 위해 우라늄 방사선에 대한 연구를 시작하며 이로부터 원자력 시대가 열립니다. 1898년 마리 퀴리와 남편 피에르 퀴리는 우라늄 광석인 피치블랜드 8톤에서 염화라듐을 발견, 정제하여 0.1 그램의 순수 염화라듐을 얻었습니다.

　　퀴리 부부가 발견한 라듐에는 신기한 특성이 있었습니다. 어두운 곳에서도 푸른 빛을 발산하는 원소로, 이름도 라틴어 radius(빛을 발산한다)에서 따왔습니다. 발견될 당시에는 이 야광성이 너무나 매력적이었는지, 시계침의 야광 도료로 쓰이거나 만병통치약으로도 쓰이기까지 했습니다. 지금 생각하면 경악할 일이지만, 그 당시의 많은 사람들은 신체에 미치는 부작용을 제대로 알지 못했습니다.

비극은 그 발견자들에게도 닥쳤습니다. 아직 방사선의 생물학적 작용을 몰랐던 퀴리 부부는 오랜 연구만큼이나 많은 방사선에 노출되어 마리 퀴리는 56세이던 1923년 건강이 현저하게 악화됩니다. 이에 따라 1934년 5월에는 스위스의 요양병원에 입원하였고 골수암, 재생불량성빈혈 등으로 1934년 7월 4일 향년 67세로 별세합니다.

라듐이 약품으로 오용되던 시기에도 많은 환자들이 잘못된 처방으로 죽음을 맞이했고, 라듐과 관련된 제품을 제조하던 공장에서는 수많은 여성 노동자들이 암 등으로 목숨을 잃었습니다. 슬프게도 원자력은 또 한 번의 비극적인 계기로 주목받게 됩니다. 바로 전쟁입니다. 엄청난 폭발력과 뿜어내는 방사선으로 세상을 경악시킨(그리고 마침내 수많은 목숨을 앗아간 전쟁도 끝낸) 히로시마와 나가사키에 떨어진 원자폭탄은 그 위력이 역사적 충격으로 다가왔습니다.

하지만 다행히, 인류는 이 어마어마한 힘을 이롭게 사용하는 방법도 터득하게 됩니다. 원자력을 에너지 자원으로 쓰는 방법을 연구하기 시작한 것입니다. 핵분열 에너지를 활용하는 최초의 원자력발전소가 1954년 소련의 오브닌스크에 세워졌습니다. 원자력은 우리가 그전에 에너지를 얻기 위해 사용하던 화석연료와는 차원이 다른 경제성을 가지고 있습니다. 그리고 화석연료를 이용한 에너지 발전의 문제점 중 하나인 대기오염으로부터도 자유로웠죠. 20세기의 우리나라처럼 국가 발전을 위해 에너지 자원이 필요하지만, 천연자원이 부족했던 개발도상국에게는 '제3의 불'이나 다름 없었습니다.

하지만 찬란한 빛만큼이나 그 그림자도 여전히 드리워져 있습니다. 아무리 평화롭고 이로운 용도로 쓴다고 해도 안전의 문제는 여전히 남아 있습니다. 미국 펜실베니아주 쓰리마일아일랜드(TMI)-2, 체르노빌 그리고 후쿠시마 원전 사고로 극명한 현실이 되었습니다. 특히 후쿠시마 원전 사고는 기술과 안전의 선진국인 일본에서 일어났다는 데서 더욱 충격적이었는데, 이는 원전 자체가 근본적으로 해결되지 않는 문제를 가지고 있다는 생각을 하게 만들었고 인접 국가인 우리나라에서도 구체적이고 시급한 대책을 요구하는 상황이 되었지요. 사실 사용후핵연료 처분의 안전성, 처분장 부지 확보, 종종 발생하는 방사선 피폭 사건, 사고 등 해결되지 않고 있는 문제들이 늘 있어 왔는데 이제 점점 더 심각해지고 구체화되고 있는 것입니다.

우리는 끊임없이 원자력을 다시 생각하고 그 가치를 평가해 왔습니다. 처음에는 그저 빛이 나는 신기한 물질으로만 바라보다가, 그 위력을 알게 된 후에는 안타깝게도 무기로 사용하기까지 했습니다. 하지만 오늘날에는 이 위력을 인류의 번영을 위해 쓰게 되었고 많은 인류들이 원자력발전소의 전기로 편리한 생활을 영위하게 되었습니다. 100여 년의 짧은 역사를 가진 원자력을 우리가 다시 생각하고, 또 많은 고민과 논의를 하게 되는 이유는 바로 안전 때문입니다. 우리가 아무리 좋은 용도로 사용한다고 해도, 원자력이 가질 수 밖에 없는 위험성과 가져야만 하는 안전성은 앞으로도 계속 다시 생각해야 할 문제입니다. 그래서 책의 제목을 『다시 생각하는 원자력』으로 지었습니다.

필자는 1980년대 초반부터 40여년간 원자력 분야에서 학업, 연구, 설계, 안전성 심사와 검사 등의 업무에 종사하며 이론을 익히고 현장 경험을 쌓아왔습니다. 이를 바탕으로 원자력발전, 산업계 비파괴 시설 등 방사선 이용시설, '사용후핵연료'를 포함한 방사성 폐기물에 대한 위험성과 안전에 대하여 정확하고 진솔하게 이야기하고 싶었습니다. 그래서 이 책에는 원자력의 탄생부터 핵무기 개발, 원자력발전, 방사선의 위험성, 원자력 규제, 사용후핵연료를 포함하는 방사성 폐기물의 안전 등에 대한 저의 진술한 생각들을 썼습니다. 그리고 이 책이 많은 사람들에게 객관적인 이해를 돕는 데 쓰이길 바라며, 원자력과 방사선에 대하여 정확하게 알고 그 미래를 안전하고 유익하게 열어가는 계기가 되었으면 합니다.

이 책의 완성을 위하여 소중한 자료를 기꺼이 사용하게 허락하신 정규환 박사, 이정익 교수, 조규성 교수와 창의적인 아이디어를 주신 설광원 박사 등 도움을 주신 많은 분들께 감사드립니다. 또한 무미건조한 기술보고서 형태인 초고를 인간미가 포함되도록 개선하는 데 큰 도움을 주신 출판사 관계자님들에 진심으로 감사드립니다.

시골에서 자라나 무뚝뚝하여 일상의 재미가 부족한 필자를 이해하고 언제나 응원해 준 아내와 딸에게 무엇보다도 감사합니다.

2022년 4월 대전 노은동에서
어 근 선 드림

추천사 1

원자로 노심설계 및 핵연료 안전과 중수로 안전의 세계적 전문가인 어근선 박사가 원자력과 안전에 대한 대중 교양서를 쓰고 있다는 이야기를 듣고 무척 반가웠습니다. 오랫동안 교류하면서 학문적 깊이와 함께 진실되고 열린 마음을 지닌 원자력안전 전문가로 존경해 왔던 어근선 박사가 책을 쓴다면 다른 곳에서 찾기 어려운 귀한 식견과 진실한 이야기를 담을 것으로 믿었기 때문입니다. 다른 일들에 집중하느라 원고에 대한 직접적인 조언은 하지 못했지만, 집필 과정을 지켜보는 것도 즐거웠습니다.

세계적으로 기후위기에 대한 우려와 함께 에너지와 원자력에 관한 관심이 어느 때보다도 높습니다. 원자력발전에 대한 입장은 적극적인 이용 확대부터 완전 퇴출까지 개인별, 집단별, 국가별로 차이가 큽니다. 우리나라에서는 40여 년 간 주 전력원으로 국가발전을 견인하면서 수출경쟁력까지 확보했던 원자력발전이 한 때 퇴출 대상이 되기도 했습니다. 원자력의 가치와 불가피성이 재확인되면서 에너지믹스의 중심으로 다시 고려되고 있습니다만, 앞으로도 이 논란은 반복되리라 생각합니다. 국민과 국가, 나아가서 인류의 미래에 지대한 영향을 미치는 에너지 정책에 대한 논의가 정확한 지식과 정보에 근거하여 이루어져야 하기 때문에, 이 책이 원자력을 알고자 하는 분들에게 쉽게 다가가서 관련된 핵심 지식을 전달하기를 기대합니다.

이 책은 기존에 출간된 여느 책들과 다른 특징이 있습니다. 첫째, 원자력에 대한 기초지식과 역사, 원자력 사고와 안전, 원자력 안전 규제, 원자력의 역할 등 다양한 주제를 하나의 이야기로 자연스럽게 풀어냈습니다. 둘째, 국내는 물론 세계적으로도 드물게 원자력 안전 규제업무에 오랫동안 종사해온 전문가로서 원자력과 원자력 안전에 대해 독특한 시각을 보여줍니다. 셋째, 학생과 학부모가, 원자력 전문가와 비전문가가 모두 부담 없이 읽으면서 핵심 이슈를 접하게 합니다. 이 부분이 이 책의 가장 큰 미덕이라 할 수도 있는데, 세계 시민으로서의 원자력에 대한 균형 잡힌 시각을 꼭 두꺼운 책을 읽어야만 갖게 되는 것이 아닌 것 같습니다. 이 책에서 핵심을 파악한 다음에는 다른 책이나 인터넷 검색을 통해 더 깊은 내용을 쉽게 접할 수 있을 것으로 생각합니다.

원자력은 전력 공급, 열 공급, 해상 동력, 우주 동력, 핵무기는 물론 다양한 방사선 이용 분야에서 활발하게 이용되고 있습니다. 그렇지만, 베크렐의 X선 발견으로부터 약 130년, 아인슈타인의 특수상대성이론 발표로부터 약 120년, 페르미에 의한 최초 원자로 가동으로부터 약 80년, 최초 원자력 전기 생산으로부터 약 70년밖에 지나지 않은 매우 젊은 에너지입니다. 원자력은 한때 인류 에너지 문제 해결사로 각광을 받다가 안전에 대한 우려와 경제성 악화 등으로 주춤거린 것이 사실입니다. 그러나 온실가스 배출 증가에 따른 기후 위기가 인류 최대의 위협으로 여겨지면서 원자력에 관한 관심이 자연스럽게 높아지고 있습니다. 모든 객관적 데이터는 원자력이 일반적인 인식과는 달리 상대적으로 가장 안전하고 온실가스 배출도 가장 적은 에너지원임을 보여줍니다. 특히 우리나라에서는 안전성, 경제성, 환경성, 에너지 안보, 전기 품질, 국토 이용에 있어서의 효율성, 수출 산업 등 장점의 범위가 더 넓고 확실합니다.

원자력이 장점만 있다면 이 책은 나올 필요가 없었을 것입니다. 저자는 국민이 우려하는 원자력 사고와 안전문제, 사용후핵연료를 비롯한 방사성 폐기물 안전관리 문제에 대해 진솔하게 이야기합니다. 안전 규제 전문가로서 원자력 시설의 안전성을 평가하고 이해관계자들과 소통해오면서 하고 싶은 말이 많았었나 봅니다. 우리가 우려하는 것을 전문가는 어떻게 바라보고 있는지 책을 읽으시면서 생각을 나눠 보면 좋겠습니다.

저는 후쿠시마 원전 사고를 분석하고 정리하면서 원자력 안전에서 "올바른 일을 제대로 하는 것 Doing the Right Things Right"이 가장 중요하다는 결론을 내렸습니다. 이를 위한 가장 중요한 근거는 최상의 과학기술 지식이 되어야 한다고 생각합니다. 이 책이 다양한 독자들에게 원자력과 원자력 안전의 핵심 지식을 잘 전달할 것으로 믿으며, 힘든 작업을 잘 마무리한 어근선 박사께 축하와 감사의 말씀을 드립니다.

2022년 4월 덕진골에서
백원필
한국원자력학회 차기 학회장, 한국원자력연구원 前부원장

추천사 2

소위 원자력 강대국이라고 자부하는 우리나라에서 학문적, 전문가적 입장에서 기술된 원자력 이론서나 홍보물들은 다양하게 존재합니다. 하지만 우리가 흔히 접하는 우주 탄생의 이론부터 원자력발전의 현황과 미래 그리고 방사성 폐기물 관리에 대해 대부분의 일반인들이 보다 손쉽게 다가갈 수 있는 수준 높은 교양서가 부재하다는 것은 오랫동안 원자력 분야에 종사해 온 저에겐 오랜 기간 동안 커다란 아쉬움으로 자리 잡고 있었습니다. 저도 오랫동안 연구해 온 사용후핵연료 처분과 관련된 저서 집필을 2020년에 의뢰받고서 이 점을 상당 기간 고민하지 않을 수 없었습니다. 아쉽게도 기술 및 사회적 수용성 두 측면에서의 사용후핵연료 처분 문제를 다루었으나, 원자력 전반에 대해서는 기술할 수 없었습니다.

2021년 중반 어느 날, 40여 년간 오랜 지기로 지내온 어근선 박사가 원자력의 태동 단계부터 평화적인 원전 도입 및 미래 전망, 사회에 널리 알려진 후쿠시마 원전 사고 등 원자력 분야에서의 사고 뿐 아니라 원자력 이용의 한 축인 안전 규제에 걸친 내용의 저서를 집필하고 싶다는 소식을 접했을 때 정말 기쁘게 생각하지 않을 수 없었습니다. 원자력발전의 안전과 관련된 연구 및 규제 활동에 대해 정통한 전문가인 어근선 박사의 과거 대학 시절부터 근면하고 성실했던 면모를 누구보다 잘 알고 지내온 저로서는, 단순한 안전 전문가의 관점이 아니라 일반 국민들을 위한, 수준 높은 교양서를 출간할 것을 크게 기대하였습니다.

어느덧 2022년 봄, 그동안 어 박사가 고심하며 준비해 온 저서가 출간하게 되었습니다. 빅뱅이론부터 리처드 파인만의 이론까지, 잘 알려진 원자력 관련 역사를 소개하는 데서 출발해 일반인들이 두려워 하는 방사선에 대한 이해의 폭을 넓히는 데 필요한 내용을 비롯해 미국 TMI 사고, 요즘 우크라이나 전쟁으로 더욱 우리에게 잘 알려진 체르노빌 원전 사고 등 다양한 사건 사고에 대해 진솔하게 기술하였습니다. 뿐만 아니라 이와 같은 사고를 철저히 예방하기 위한 원자력 안전 규제와 관련된 국내 현황 및 사용후핵연료 관리 문제 그리고 최근 화두가 되고 있는 중소형원자로와 핵융합 에너지 개발 등 원자력 전 분야에 걸친 과거, 현재, 미래를 한 권으로 쉽게 정리한 어 박사의 저서를 접하게 된 것은 오랜 기간 원자력 분야 연구와 통제 활동을 수행해 온 저에게도 커다란 기쁨입니다.

어근선 박사의 이번 저서는 그동안 막연히 어렵게 생각해 온 원자력에 대해 그 태동부터 미래까지를 객관적인 시각에서 쉽게 이해할 수 있는 내용으로 기술되었습니다. 나른한 오후 한잔의 음료수를 함께 하면서 통독을 하기에도 좋으며, 각 주제별로 하나씩 이른 아침 명상하는 기분으로 저자의 이야기를 함께하며 새로운 하루를 설계하기에도 좋은 이 책의 가치를 많은 분들이 이해하길 바라며, 어 박사의 이야기를 한 장 한 장 읽어 보는 기회를 많은 분들이 함께 하시길 소망합니다.

2022년 4월
황용수
한국원자력통제기술원 원장

추천사 3

지금 TV에선 러시아가 우크라이나에 핵무기를 사용할 수도 있다는 우려 섞인 분석이 뉴스의 헤드라인을 장식하며 전 세계 인류를 불안에 떨게 하고 있다. 만일 현실화될 경우 1945년 히로시마와 나가사키 이후 77년 만에 핵무기가 전장에 재등장하는 셈이다. 핵무기의 가공할만한 파괴력과 살상력은 우리의 뇌리에 깊이 박혀있는 인류사의 트라우마다.

36년 전 체르노빌 사고와 11년 전 후쿠시마 사고 당시 전 세계는 원자로와 핵무기를 동일시하게 되는 집단 착시현상을 경험하였다. 결국 독일, 이탈리아, 일본, 대만, 한국 등 많은 국가들이 탈원전 정책을 채택하는 단초가 되었다. 과연 원자력은 그렇게 위험한 것일까?

이 작은 한 권의 책은 나의 친구 어근선 박사가 40여 년 한눈 팔지 않고 오직 한길로 열심히 공부하며 쌓아온 원자력 안전에 관한 경험과 지식을 한땀 한땀 빚어서 만든 첫 작품이다. 이 책을 한마디로 평가하자면, '원자력과 방사선에 관한 모든 것을 압축한 엑기스'다.

첫째, 이 책은 쉽고 재미있다. 특히 우주의 시작인 빅뱅을 시작으로 첫 장부터 무협소설처럼 흥미진진해서 긴장의 끈을 놓지 않게 만든다.

한 번 읽기 시작하면 전 권을 단 두시간만에 끝내게 만든다.

둘째, 이 책에는 누구라도 어디에서도 쉽게 찾기 힘든 그러나 뒷골목까지 속속들이 소개해주는 듯한 원자력에 관한 유익한 지식과 정보가 산더미처럼 들어 있다. 당신이 설령 원자력 전문가라 할지라도 이 책을 읽기 시작하자마자 내 말에 공감할 것이다.

셋째, 이 책에서 어근선 박사는 친핵과 반핵 어디에도 치우치지 않고 지극히 중립적이고 객관적인 스탠스를 취하고 있다. 오로지 팩트(사실)와 데이터에 기반한 올바른 분석과 합리적인 의견을 제시하고 있다.

이 책을 완독하고 나면 분명 당신의 원자력에 대한 편견은 사라지고 생각이 바뀔 것이다. 원자력과 방사선에 조금이라도 호기심과 관심이 있는 독자, 인류의 미래 에너지인 수소, 소형모듈원전, 핵융합 등의 핵심이 궁금한 독자들에게 일독을 강력 추천한다.

사실 이 책은 작년 여름, 어 박사와 차 한 잔 마시면서 이런 저런 얘기를 하다가 탄생하게 되었다. 내 권유로 어박사가 본인의 전문 분야인 원자력 규제 관련 교과서를 써보겠다고 했을 때, 일반인도 읽을 수 있도록 좀 더 폭넓고 재밌는 소재를 다루어 보라고 조언했었다. 그렇지만 짧은 시간에 이처럼 재미있고 유익한 책이 나올 줄은 몰랐다. 역시 어근선! 그의 다음 책이 기대된다!

2022년 4월

조규성

KAIST 원자력및양자공학과 교수, 한국방사선산업학회 前 회장

목차

다섯째, 우리나라의 미래 에너지 이야기

원자력의 탄생, 숨겨진 이야기

원자력의 탄생

빅뱅에서 오늘날까지

앞서 머리말에서 언급한대로, 우리가 원자력 에너지를 제대로 활용하게 된 것은 고작 100년이 지났을 뿐입니다. 다만 이건 우리 인간에게서나 그렇지, 핵융합은 우리가 상상도 할 수 없는 먼 옛날에서부터 세상을 움직이고 만들어 왔습니다. 그 역사를 간략하게 살펴보면서 시작하겠습니다.

약 138억 년 전 즈음 무언가 생겨났습니다. 이 과정은 폭발적으로 진행되었고 그래서 과학자들은 빅뱅^{Big Bang}(큰 꽝)이라는 다소 장난스러운 이름을 붙였지요. 이때 발생한 입자들은 아주 강한 힘에 의해 보다 큰 다양한 입자들을 만드는데, 우리에게 다소 익숙한 것이 바로 쿼크, 전자입니다. 빅뱅이 일어난 지 0.000001초 정도 지났을 때이지요. 이 쿼크는 기본적으로 6종류가 있는데(이 기본 쿼크 각각에는 반입자로서 안티쿼크가 있고 또 이 쿼크와 안티쿼크가 묶여 중간자를 만들기도 합니다). 이것들이 어떻게 조합을 이루느냐에 따라서 중성자, 양성자가 만들어집니다.

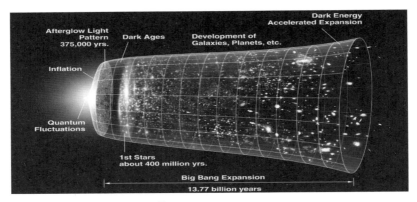

그림 1. 빅뱅 이론에 따른 우주의 팽창.[1]

빅뱅으로부터 다시 몇 분이 지난 후 중성자와 일부 양성자가 다시 뭉쳐서 중수소와 헬륨의 원자핵을 만듭니다. 여기서 결합되지 못한 대부분의 양성자는 그대로 남아 있고요. 약 40만 년이 지난 후 공간이 커지며 에너지 밀도가 떨어지자 드디어 양전기를 띠는 핵과 음전기를 띠는 전자가 전기력으로 묶여 수소 원자가 만들어집니다. 이 과정은 초창기에는 아주 균일한 공간 분포를 보였지만 시간이 흐르면서 작은 공간의 불균일성이 점점 더 커지면서 군데군데 상대적으로 밀도가 높은 곳을 중심으로 중력에 의해 물질들이 뭉쳐 오늘날 우리가 천체라고 이야기하는 성운, 별, 은하 등을 만들지요. 여기서 별들은 초기에는 당연히 수소 기체 덩어리인데 중력에 의해 계속 수축하면서 중심부의 온도가 계속 올라가고 드디어 핵융합 반응이 일어나게 됩니다. 여기서 핵융합이란 전자와 양성자가 결합하여 만들어진 수소가 뭉쳐 양성자 2개와 중성자 2개로 이루어진 헬륨 원자핵이 되는 것을 말합니다.

핵융합 반응이 엄청난 양의 에너지가 발생하고 이 에너지는 다시 핵융합을 더 가속시킵니다. 연속적인 반응이 일어나는 것이지요. 시간이 더 지나면 중심부에서는 수소가 모두 헬륨으로 바뀌고 더 이상 핵융합 반응은 일어나지 않습니다. 하지만 외곽에서는 핵융합 반응이 계속되어 중심은 수축하고 외곽은 팽창하는 적색 거성이 됩니다. 시간이 지나 온도가 더 올라가면 중심의 헬륨이 다시 핵융합 반응을 일으킵니다. 이 반응은 헬륨 섬광이라고 불리며 폭발적으로 일어나 중심이 팽창하고 표면의 온도는 감소합니다. 우리 지구 공전 궤도의 중심(엄격히 말하면 타원 궤도의 초점)이 되는 태양이 이런 반응을 일으키는 대표적인 천체이지요. 태양보다 질량이 아주 큰 별들에서는 큰 중력에 의해 핵융합 반응이 더 빠르게 일어나고 그래서 중심부의 헬륨 섬광이 일어나기 전에 적색 거성에 도달합니다.

이후 별들은 다시 진로를 밟게 되지요. 보통 태양 질량의 1.4배 미만의 경우에는 탄소 핵융합 단계에 이르기 전에 중심부가 수축하고 외곽에서는 헬륨 핵융합이 일어나 외부로 날아가고 중심의 남은 백색왜성이 됩니다. 태양 질량의 1.4~3배인 경우 중심부의 양성자가 전자를 흡수하여 중성자가 되고 척퇴되어 초신성 폭발을 일으키게 되는데 이 과정에서 엄청난 에너지가 원자핵들을 뭉쳐 철보다 원자 번호가 큰, 무거운 원소들을 만들게 되지요. 이후 중성자로 이뤄진 중심부만 남은 이 별을 중성자별이라고 합니다. 태양보다 3배 이상 큰 경우에서는 중력이 너무나 강력하여 중심부가 계속 수축하여 블랙홀이 됩니다. 이 과정은 반복적으로 일어나는데 여기서 우리가 주목할 것은 별의 진화 과정에서 핵융합 반응이 일어나면서 수소 원자에서 시작하여 점점 무거운 원소들이 만들어진다는 것입니다. 즉 빅뱅 초창기에 만들어진 수소와 헬륨 외에 다른 원소들이 생겨났다는 것이죠. 이런 것들을 분류해서 표로 만든 것이 주기율표입니다. 다시 말해 주기율표를 채우는 원소들은 이런 수축-폭발-팽창-수축을 반복하면서 만들어진 것이지요. 물론 이 반응은 한 주기가 수

십억 년이 걸리는 경우가 대부분입니다.

그런데 실제로 우리가 주목할 만한, 더 현실적이고 흥미로운 사건은 중심부에서 멀찍이 떨어진 곳에서 일어납니다. 우리가 있는 태양계를 대상으로 그 과정을 조금 더 상세하게 살펴보지요. 앞에서 이미 언급했듯이 아주 작은 부분적 불균일, 다시 말해 주변에 비해 상대적으로 밀도가 높은 부분을 중심으로 물질들이 점점 모여 뭉치게 됩니다. 그런데 이 과정에서 하나의 점을 향해 물질들이 직선 운동이 아닌, 나선 운동을 하게 됩니다. 정지 상태에서 균일한 중력에 의해 모이는 것이 아니기 때문입니다. 이런 나선 운동이 심해지면서 나선의 꼬리가 길어지고 다시 겹치게 되며 여러 개의 고리 즉 궤도가 만들어집니다. 이 여러 개의 궤도에서는 역시 부분적으로 밀도가 높은 곳이 생기고 이를 중심으로 다시 물질들이 뭉치게 됩니다. 이렇게 만들어진 덩어리는 질량이 커지면서 더 큰 중력으로 그 궤도의 물질들을 계속 끌어당기지요. 그리고 드디어 그 궤도에 행성이 생깁니다. 물론 중심부에서는 이미 이야기한 대로 핵융합 반응에 의해 엄청난 에너지가 나오고 있지요. 태양계가 형성된 것입니다. 이제 그 태양계의 세 번째 궤도에 있는 지구에서 일어나는 일을 조금 더 상세하게 살펴보겠습니다.

몇 번 반복된 별들의 생성과 소멸을 통해 다양한 물질들이 만들어지고 뭉칩니다. 이 덩어리는 뭉치는 과정에서 발생한 엄청난 에너지에 의해 초기에는 아주 높은 온도의 기체 상태를 유지하지요. 그러다가 시간이 지나면서 점점 온도가 내려가고 액체 상태가 됩니다. 이 과정에서 자연스럽게 중력에 의해 무거운 원소들은 중심에 모이게 되고 전체적인 모양은 구형을 띠게 됩니다. 시간이 더 흐르면서 지구로 떨어지는 물체들이 줄어들어 에너지 발생도 줄고 온도가 내려가 지표면은 서서히 고체가 됩니다. 지각이 형성된 것이지요. 시간이 더 지나면서 온도가 더 내려가

고 지각을 둘러싸고 있던 수증기가 식어 물이 되어 지각으로 떨어지고 고도가 낮은 곳으로 몰려듭니다. 바다가 만들어졌습니다. 아직 지표면으로 떨어지는 물질들이 적지 않아 이 원시 바다는 펄펄 끓는 상태이죠. 게다가 불안정한 대기 층에서 만들어지는 전기적 현상 즉 벼락이 쉴 새 없이 떨어져 그야말로 별의 별 화학 반응이 다 일어날 수 있는 환경이 됩니다. 그리고 드디어 이 역동적인 환경에서 아미노산이 합성되지요. 이 아미노산은 다시 이런저런 과정을 겪고 단백질로 합성되고 결국 생명이 시작됩니다. 이 과정은 아주 오랜 시간동안 아주 광범위한 영역에서 엄청난 횟수로 발생한 무작위한 사건들로 엮여 있어 그야말로 별의 별일이 다 일어나는 결과로 이어지지요. 이후 역시 광범위한 공간에서 긴 시간 동안 일어난, 지난한 진화 과정을 거쳐 인류가 태어나게 됩니다.

생각하는 인간 그리고 문명

우주는 일찌감치 핵융합 반응을 일으키며 세상을 만들고 바꾸어 왔습니다. 다만 지구 상의 생명이 탄생하고, 수많은 생명 중 우리 인류가 원자력을 알게 되고 활용하게 된 것은 정말 최근의 일입니다. 그때까지 무슨 일이 있었는지 간략하게 살펴보도록 하죠.

지구의 표면에서 주로 육상 생활을 하는 인류는 다른 동물들과 마찬가지로 자연에 적응하면서 오랜 시간 생존해 왔습니다. 하지만 이제 인류는 서서히 자연을 자신에게 유리한 환경으로 바꾸기를 원하게 됩니다. 그 시작은 자연 현상에 대한 의문을 가지는 데 있습니다. 왜 비가 내리는지, 바람이 부는지, 날이 추워지는지 등 기후 현상은 그 주요 대상입니다. 생명의 생성과 소멸도 그랬겠지요. 이런 질문들은 '왜?'와 '어떻게?'로 구성이 되어 있고 사물의 구성과 움직임에 대한 생각을 하게 되고 이를 설명하고자 합니다. 초기에는 이 모든 자연현상을 설명할 수 있는 초자연적인 존재를 상정하고 그에 의존하려는 종교적 형태를 띠게 되었고 이는 현재까지 형태만 달리하면서 계속 유지되고 있지요. 하지만 인류는 곧 자연의 해석과 조작에 있어 논리라는 도구를 도입합니다. 물론 그 이전부터 반복적인 경험을 바탕으로 환경을 조작해 왔죠.

인간이 자연을 자신의 입맛에 맞게 조작하기 시작한 것은, 석기시대부터라고 할 수 있습니다. 이제 인류는 돌을 쪼개고, 갈아서 원하는 도구를 만들게 되었지요. 이 기술은 세대를 거쳐 시범과 관찰을 통해 이어졌고요. 이런 경험이 오랜 시간 쌓이면서 비록 우연적이기는 하지만 광석으로부터 금속을 추출하고 물질을 첨가하여 차원이 다른 도구를 만든 청동기 시대가 열렸습니다. 여기서 우리는 인류가 초보적인 화학 반응을 이용했다는 것에 주목해야 합니다. 물론 이미 몇십만 년 전부터 불을 피우고 그 불에 음식을 익혀 화학적 조성을 바꾼 음식을 만들어 먹었다는 것 자체가 이미 화학반응을 이용한 것이라고 볼 수 있기는 하지요. 기원전 3,500년 즈음 메소포타미아와 나일강 하구 지역에서 있었던 일입니다. 그리고 드디어 인류는 산화와 환원이 복합적으로 엮인 보다 높은 다단계 화학반응을 이용하여 철을 만들어 쓰게 됩니다. 철기시대가 열린 것이지요. 이미 이야기한 바와 같이 철은 핵융합과 핵분열의 경계에 있는 중요한 원소입니다.

인류가 자연을 조작하는 기술이 발달하면서 자연을 설명하는 방식 또한 발전해 갔습니다. 기원전 600년 고대 그리스 밀레토스 학파의 탈레스는 만물의 근원은 물이라고 했습니다. 증명을 통해 정리를 확인해 가는 논증적 방법을 즐기는 탈레스의 이 말은 '우주의 본질이 무엇인가?'라는 질문을 하고 그에 답을 하는 논리적 과정의 시작이고 그 최초의 기록이라 할 수 있지요. 그런가 하면 아낙시메네스는 만물의 본질을 공기라고 했습니다. 공기가 농축되어 물이 되고 또 얼음이 되며 희박해지면 불이 된다고 했지요. 밀레토스 학파의 아낙시만드로스는 만물의 근본은 비가 시적인 그 무엇의 운동에 의한 것이라고 했습니다. 이 세 사람의 물질에 대한 언급은 현대 물리학의 입자와 파동의 이중성을 연상케 합니다. 물론 실험적 근거와 논리적 세련미는 부족하지요. 어찌 됐거나 그저 환경에 적응해서 생존하는 데 급급한 것에서 벗어나 환경을 탐구하고 그 성질을 탐색하면서 우주에 대한 근원적 질문을 하게 되었다는 데에 의의가 있습니다.

시간이 조금 더 지나서 데모크리토스는 우주가 더 이상 쪼갤 수 없는 여러 종류의 입자로 구성되어 있다고 했고 이를 아톰atom이라고 불렀습니다. 오늘날 우리가 말하는 원자는 여기에서 그 이름을 딴 것이지요. 물론 이후에 플라톤과 아리스토텔레스의 4원소설 등이 보다 우아한 구조적 모형으로 설명하면서 가지면서 더 유명하고 잘 받아들여지기는 했습니다. 아리스토텔레스는 우주를 완전한 천상계와 불완전한 지상계로 나누고 그 구성과 운동의 법칙도 다르다고 생각했고 이 생각은 뉴턴의 중력에 의한 운동이 설명되기까지 과학자들에게 교조적으로 작용했지요. 고대 그리스 학자들이 논의한 이런 설명들이 엄밀하게 과학적이라고는 할 수 없지만 적어도 그 방법론적인 측면에서 엄청난 것임에 이견을 가진 사람은 별로 없을 겁니다. 그런데 로마가 왕성하면서 문제가 발생합니다. 티베르 강 기슭에서 시작한 로마는 오랜 세월동안 거대한 제국을 꾸려 갔는데 그리스도교를 국교로 삼으면서 오늘날 유럽문명의 원형을 세웠지만, 인간의 이성을 중요시하는 그리스의 과학을 계승하지는 못합니다. 다만 그 과학을 기초로 하는 기술을 발전시켜 실용적으로 사용하지요. 토목과 건축 그리고 군사 무기 등의 분야입니다. 과학의 입장에서는 오랜 암흑시대가 열립니다(물론 근래 들어 이에 대한 새로운 해석과 의견이 있기는 합니다).

　다행스럽게도 아랍에서 이 그리스의 과학 유산을 상속받습니다. 고대 그리스가 동방 문명을 흡수하여 자신들의 문화 창조에 거름으로 삼은 것과 비슷하지요. 이런 일들은 당연히 고대 그리스 문헌을 번역하는 것으로 이뤄집니다. 후나인 이븐 이샤크, 타비드 이븐 쿠라 같은 사람들이 히포크라테스, 프톨레마이오스, 유클리드, 아리스토텔레스 등등의 저서 외에도 인도의 과학서적도 번역했지요. 이런 환경에서 두각을 나타낸 과학자가 후나인 이븐 이샤크 외에도 이븐 알 하이삼, 이븐 시나, 알 카지니 등입니다. 그런데 여기서 특별히 주목할 만한 것이 연금술입니다. 이 연금술은 고대 이집트로부터 시작되었고 헬레니즘 시대에 발전하여 아랍에서 그 꽃을 피웠다고 할 수 있지요. 자비르 이븐 하이얀, 알 라지, 이븐 시나 등이 그 대표적 인물로서 새로운 물질의 합성과 이용이라는 화학적 활동을 합니다. 이 시대에 아랍에서 이뤄진 엄청난 양의 연금술은 오늘날로 보면 일종의 화학 실험으로서 논리적인 구조 보다는 경험적이고 우연적인 요소가 강했지만 의미 있는 시행착오로서 그 가치를 논할 수 있지요. 다시 말해 엄청난 양의 실험 데이터를 축적한 것이라고 할 수 있고 물질의 구성 요소와 물질의 성질 그리고 물질의 변화 과정과 구조 등을 살피면서 물질의 본질과 작용에 대한 이해의 폭을 넓고 깊게 했습니다. 그리고 이 업적은 다시 유럽으로 돌아와 르네상스를 맞이하지요.

　르네상스 시대에 이르러, 천체의 운동에 대한 이해는 프톨레마이오스의 지구중심설로는 한계에 도달합니다. 그리고 코페르니쿠스에 의해 태양중심설이라는 새로운 시스템이 등장하지요. 물론 태양을 중심으로 하는 천체 운동 모델이 코페르니쿠스 이전에도 존재했습니다. 아리스타쿠스 같은 사람들이 그 아이디어를 제시하기는 했지만 그 모델이 정교하지 못했고 무엇보다도 원 궤도를 고집하는 바람에 궤도 예측력이 천동설에 비해서도 떨어져 실용성은 물론이고 좋은 이론으로 인정받지 못합니다. 이는 코페르니쿠스에게서도 큰 차이가 없지만 구체적인 부분에서 오늘날의 모델과 큰 차이가 없는 정교함이 있지요. 이후 케플러는 이 아이디어를 계승 발전시켜 타원 궤도를 받아들이고 행성의 궤도 운동 규칙을 수리적으로 기술하고 당시로서는 흠잡기 어려울 정도의 정확성으로 행성의 운동을 예측합니다. 그리고 뉴턴은 이 운동의 원인이 중력에 의한 것임을 밝히고 이 중력이 천상과 지상에서 동일하게 작동하며 그 법칙 역시 동일하다는 것을 이야기합니다. 드디어 천상과 지상이 하나의 우주로 묶이고 이는 운동에 대해서 뿐만 아니라 물질의 본질에 대해서도 마찬가지의 기준으로 자리 잡고 에너지에 대한 보다 논리적이고 종합적인 접근이 이뤄지게 합니다.

1500년대에 윌리엄 길버트가 시작한 자기에 관한 연구 이후 1700년대가 되어서 전기에 대한 탐구가 일어납니다. 1811년 스웨덴의 베르젤리우스는 화학결합이 두 가지 서로 다른 종류의 전하(전기)를 띤 물체 사이의 인력에 의한다는 이론을 제시합니다. 다시 말하면 하나의 어떤 물체와 물체가 전기적 인력으로 서로 잡아당기며 보다 큰 물체를 구성하고 그 결합 상태의 변화가 화학 반응이라는 것이지요. 물질, 물질의 변화와 전기의 관계가 우리의 탐구 대상이 된 것입니다. 그리고 1820년 덴마크의 외르스테드는 실험 강의를 하던 중 전류가 흐르는 도선 근처의 나침반 바늘이 이상한 거동을 하는 것을 발견합니다. 전기가 자기를 만든다는 것을 알게 된 것이지요. 그리고 얼마 후에는 반대로 자기장의 변화로 전류를 만들고 그 수리적 해석을 합니다. 영국의 물리학자 맥스웰에 의해서 거의 완벽하게 이뤄진 이 작업 덕분에 전기와 자기가 통합되어 전자기학이 성립됩니다. 미시적인 차원에서 전기의 역할과 함께 거시적인 차원에서 전기현상을 파악하고 이용하는 단계에 접어든 것이지요.

독일의 럼퍼드 백작은 기존의 카로릭 이론과 달리 열의 본질이 물질의 운동이라는 아이디어를 내고 얼마 후에 증기기관이 등장하지요. 뉴커맨, 블랙을 거쳐 제임스 와트에 의해 실질적인 증기기관이 만들어집니다. 그리고 프랑스의 카 르노에 의해 열역학의 이론적 접근이 시작되고 열역학 법칙 3가지가 만들어지지요. 한편 맥스웰과 볼츠만은 열역학을 분자적인 입장에서 접근합니다. 기체에서 분자의 운동이 열의 본질이라는 입장이 확고해지면서 이를 통계적으로 다루게 되지요. 여기서 나오는 엔트로피의 개념의 확률적 해석은 양자역학의 출발점이라고도 할 수 있습니다. 이 통계적 열역학은 태양이 식어 소멸되는 미래를 그리면서 당시 우주론에 큰 영향을 미치지요. 마이어는 태양이 석탄으로 이뤄졌을 경우 그 수명이 5,000년이라고 계산했고, 헬름홀츠는 3,000만 년 정도로 봤습니다. 지질학자들이 추정한 지구의 나이에 비해 훨씬 짧은 이 수명은 분명 골칫거리였겠지요. 열 현상을 화학 반응으로만 설명하는 것과 그 이상의 무엇이 있다는 원자론이 충돌하는 상황이고 20세기에 들어서야 원자와 전자가 발견되고 볼츠만의 원자론은 인정받기 시작합니다.

화학이 성립되다

미시적 차원에서 전기적 작용에 의해 물질의 변화가 이뤄지는 것을 이해함으로써 연금술은 드디어 화학이라는 학문으로 발전합니다. 그리고 그 과정에서 전기적 작용의 대상이 되는 기본적인 입자의 개념이 서서히 형태를 갖추게 되는 것이지요. 인간에게서 가장 주요한 화학적 반응, 화학 현상은 연소입니다. 산소와 결합이 연소의 정체인 것을 발견하며 산소는 아주 중요한 물질로 등장하지요. 또 연소과정에 들어가는 물질과 동물의 호흡과정에 들어가는 물질이 동일하고 이것이 산소라는 것을 확인합니다. 그리고 공기 중의 연소과정을 살피면서 공기를 구성하는 물질이 산소 말고 다른 것이 있다는 것을 발견합니다. 17세기 말 영국에서 시작하여 18세기 초까지 진행된 이 탐구를 수행한 사람들로는 보일, 헤일즈, 캐빈디시, 브렉, 프리스톨리, 라부와지에 등을 들 수 있는데 특히 라부와지에는 당시에 꽤 설득력 있게 연소 현상을 설명하는 플로지스톤설을 넘어서 산소와 결합으로서 연소 과정을 정립합니다.

실제로 산소의 존재를 인지한 사람은 프리스틀리였지만 그 이름을 탈-플로지스톤으로 부르는 등 오해를 했지요. 라브와지에는 프리스톨리의 그 연구 결과를 해석하여 바로 탈-플로지스톤의 역할과 작용을 정확하게 확인하고 산소라고 부릅니다. 이런 과정은 라부와지에의 『화학 원론』에 잘 언급이 돼 있는데 그는 이 책에서 산소를 주로 다루면서 학문으로서 화학을 정립하고 원소의 개념을 세우고 그 명명법을 정리하고 효율적인 실험법을 제시합니다. 오래 전부터 20세기 중반까지 지구상에서 에너지의 능동적 사용자로서 인간이 주로 이용한 에너지의 발생과 전환의 논리적, 수리적 구조를 체계화한 것이지요.

산소를 발견한 이후 원소의 발견이 급격하게 빨라집니다. 고대 연금술에서 주로 다뤘던 금속에 더해 탄소, 질소, 산소 등의 비금속 원소들이 18세기 초 중반에 발견되고 1869년에 멘델레예프는 63종의 원소를 모아 주기율표를 만들지요. 그리고 1899년에는 82종의 원소가 주기율표를 채웁니다. 돌턴의 원자설 이후 급하게 발전한 화학은 뉴랜즈의 옥타브설 등으로 원소의 주기성을 엿보았는데 멘델레예프는 이 주기성에 대한 믿음을 바탕으로 주기성을 만족하기 위한 빈자리가 있는 주기율표를 만들게 된 것이지요. 이 과정은 무기물의 정성분석과 질량보존법칙과 일정성분비법칙, 배수비례법칙 등의 정량 분석 그리고 분광분석으로 이뤄졌고 이를 통해 서서히 원자의 윤곽이 드러나기 시작했습니다. 하지만 1881

년에 아보가드로가 제시한 분자론은 바로 받아들여지지 않았고 원자와 분자, 혼합물과 화합물 등의 개념은 아직 불분명했지요. 그럼에도 불구하고 전기를 이용한 화학당량 개념의 성립에 의해 주기율표는 더 합리적이고 견고하게 자리 잡습니다. 이는 영국의 데이비에 의해서 시작되어 그로터스, 리브, 베르젤리우스, 패러데이 등을 거쳐 발전한 전기화학으로 전기의 본성이 원자 개념으로 설명된다는 것을 밝히지요. 이 주기율의 발견 덕분에 전자와 방사능에 대하여 연구하는 원자물리학이 생겼고 이로부터 화학에서 물질의 구조와 반응을 정량 해석할 수 있게 됩니다.

한편, 1858년에 플뤼커는 양쪽에 전극을 넣고 밀봉한 가이슬러관을 이용한 실험에서 흥미로운 현상을 발견합니다. 가이슬러관의 전극에 높은 전압을 걸고 진공 펌프로 공기를 빼는 실험이었지요. 유리관 속의 압력이 낮아져 전류가 흐르게 되고 음극에서 양극으로 무언가 흐름이 생기고 방전이 일어나는데 압력의 변화에 따라 방전의 양상이 달라지고 물질에 따른 고유한 특성을 보이는 겁니다. 플뤼커는 이어서 제자 히토르프와 함께 압력에 따라 패러데이 암부 확대, 음극 근처 유리벽의 녹색 형광, 자기장에 의한 형광 변화를 관찰하지요. 그리고 히토르프는 이 흘러가는 무엇인가가 음전기를 띤다고 결론 내립니다. 1876년에 크룩스와 골드슈타인은 이 흐름을 방사선, 광선으로서 음극선이라고 불렀는데 2년 전인 1874년에 크룩스는 이 음극선에 운동량이 있다고 확인을 했고 이는 사실 입자성을 가지고 있음을 내포합니다. 1894년에 스토니는 이것을 전자electron로 부르자고 제안하지요. 이후 1895년 페렝이 전자가 음전하 운반자인 것을 확인했고 2년 뒤 1897년에 톰슨은 이 음극선의 속도를 측정합니다. 광속보다 말도 안되게 느린 속도였지요. 이 외에도 방전현상의 주인공에 대한 여러 연구가 있었고 결론은 음극선의 정체가 질량을 가지고 있고 음전기를 띠며 일정한 속도로 움직이는 입자로 합의됩니다. 이렇게 전자가 명확하게 등장하지요. 자, 이제 인류는 원자력을 만날 준비가 되었습니다.

X선과 방사선 그리고 원자력

원자력의 탄생과 발전에는 마리 퀴리와 그 가문이 핵심적인 역할을 합니다. 마리 퀴리와 피에르 퀴리 부부는 방사선을 내는 원소 라듐 연구로 1903년 노벨 물리학상을 공동수상했고 8년 후인 1911년에는 마리 퀴리가 염화라듐을 전기분해해서 금속 라듐을 얻은 공로로 노벨 화학상을 받아 노벨상을 두번 수상하게 됩니다. 그 후 딸 이레네 졸리오 퀴리와 사위 프레데리크 졸리오 부부도 인공 방사성 원소를 합성하여 노벨 화학상을 공동 수상합니다. 둘째 사위인 헬리 라부이스 주니어가 받은 노벨 평화상까지 따지면 마리 퀴리 가문에서 2대에 걸쳐 6개나 받은 것이지요. 그런데 엄밀히 말하자면, 원자력을 향한 첫 발걸음을 뗀 것은 뢴트겐이었습니다.

독일의 물리학자인 빌헬름 뢴트겐은 알루미늄 판에 음극선을 쪼여서 발생하는 빛을 다시 여러 가지 기체에 쪼이는 레나르트의 실험을 재현하는 실험을 했습니다. 뢴트겐은 이 과정에서 아주 흥미로운 현상을 발견하지요. 두꺼운 마분지로 감싼 크룩스관에 전류를 흘렸는데 근처에 있던 바륨-시안화백금산염에서 형광작용이 일어납니다. 크룩스관에서 생성된 빛이 마분지를 뚫고 나와 형광 현상을 일으킨 것인데 이온화 현상도 일으키는 이 빛은 기존의 빛과는 다른 것으로 X선X-ray이라는 이름을 얻습니다. 1895년의 일이지요. 뢴트겐은 2주간의 심사숙고와 연구 끝에 자신의 부인을 불러 그 광선으로 손 사진을 찍습니다. 그리고 손 안의 뼈와 손가락에 낀 반지까지 찍힌 사진을 보게 되지요. 최초의 X선 사진입니

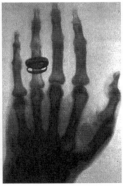

그림 2. X선을 발견한 빌헬름 뢴
트겐과 최초의 X선 사진.

다. 이 강력한 투과력을 가진 광선은 의학은 물론 원자핵 물리학의 새로
운 장을 엽니다. 물체, 물질의 내부를 살펴볼 수 있게 하는 최초의 도구
니까요. 오늘날에는 기초적 생명과학부터 실용적 기술에까지 그 이용 범
위가 엄청납니다. 과학철학자 토마스 쿤은 이 사건을 두고 새로운 패러
다임의 발견 즉 과학 혁명이라고 했습니다. 코페르니쿠스의 지동설, 아
인슈타인의 상대성 이론에 비견된다는 뜻이겠지요. 물론 경제적 가치도
엄청났습니다만 뢴트겐은 제1회 노벨 물리학상 수상으로 만족하고 그
특허를 주장하지 않았습니다. 노벨상 상금도 자신의 대학에 기부했고요.

19세기 중반 이후 진공관과 음극선은 과학자들의 최고 연구대상이었
는데 이 미지의 새로운 분야를 연구하면서 수많은 과학적 발견들을 합니
다. 프랑스의 앙리 베크렐도 그 중 한 명이지요. 그는 X선을 연구하다 전
혀 다른 방사선을 발견합니다. 베크렐은 인광체가 X선을 방출한다고 생
각했습니다. 인광체는 태양에 노출시키면 태양에너지를 저장하고 있다
가 어두운 곳으로 옮겨도 한동안 빛을 냅니다. 이때 X선도 함께 나올 수
도 있다고 생각해 이를 확인하는 실험을 진행했는데 여러 종류의 인광체
를 햇빛에 노출시켰다가 검은 종이로 감싼 사진 건판을 곁에 가져다 놓

그림 3. 1896년 방사선의 존재를 발견한
앙리 베크렐.

습니다. 사진 건판에는 인광체의 흔적이 고스란히 남았지만, 구리 같은
금속은 통과하지 못했습니다. X선이 나오지 않는다는 것이지요. 그런데
잇따른 실험에서 베크렐은 흥미로운 결과를 얻습니다. 날씨가 흐려 인광
체가 충분히 햇빛에 노출되지 않아 시료를 모두 실험실에 보관했는데 얼
마 뒤에 보니 사진건판에 뚜렷한 흔적이 남은 것이지요. 그 뒤에는 아예
시료를 암실에 두고 결과를 분석했습니다.

여기서 베크렐은 당시에는 우라늄인지 몰랐지만 우라늄이 포함된 인
광염에서 햇빛 노출여부와 상관없이 사진건판에 흔적을 남긴다는 것을
알게 되지요. 1896년의 일입니다. 햇빛 노출 여부와 상관없이 사진 건판
에 흔적을 남기는 것은 당시에는 몰랐던 원자핵의 자발적 붕괴 현상 즉
원자핵의 작용과 관련된 것으로, 여기서부터 방사선의 발견, 조금 더 나
아가 원자력의 시대가 시작됩니다. 마리 퀴리가 X선과는 다른 새로운 현
상에 관심을 갖고 역청우라늄광을 연구하던 1890년대 말에는 아직 원자
핵 등과 같은 원자의 내부구조에 대한 이해가 전혀 없을 때였습니다. 마
리 퀴리가 박사과정 연구를 본격적으로 시작했던 1897년에야 영국의 물
리학자 조지프 톰슨이 전자를 발견했습니다. 영국의 물리학자 어니스트

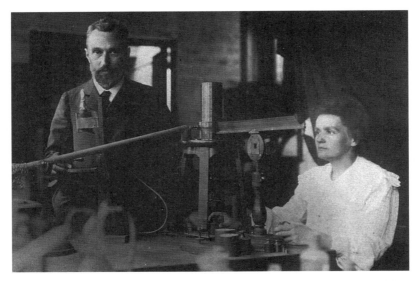

그림 4. 과학자 퀴리 부부, 방사선 현상에 대한 연구로 베크렐과 함께 노벨물리학상을 1903년 수상하였다.

러더퍼드가 원자핵을 발견한 것은 1911년의 일입니다.[2]

베크렐은 자신의 조교 마리 퀴리에게 박사학위 논문 주제로 방사능을 추천합니다. 마리는 우라늄 광석인 역청우라늄석(피치블랜드)에서 우라늄보다 더 강력한 방사선이 나온다는 사실을 알아냈고 이로부터 그 안에 우라늄보다 더 강력한 방사능을 가진 모종의 원소가 숨어 있다는 것을 파악하지요. 마리는 남편 피에르와 함께 역청우라늄광에서 강력한 방사능을 가진 미지의 원소를 분리하기 위해 각고의 노력을 했고 드디어 두 원소를 분리하는 데 성공합니다. 그리고 그 중 하나에 자기 조국 폴란드의 이름을 따서 폴로늄[84Po], 다른 하나에는 라듐[88Ra]이라고 이름을 붙이지요. 방사능 현상을 연구한 공로로 마리와 피에르 부부는 베크렐과 함께 1903년 노벨물리학상을 수상합니다.

1896년에 톰슨의 연구조교였던 러더퍼드는 X선과 방사선의 이온화 현상을 연구하여 1902년 알파선이 양전기를 띠는 헬륨원자의 핵이고 베타선이 전자라는 것을 확인합니다. 그리고 토륨의 방사능이 시간에 대해 지수함수적으로 감소하는 것을 발견하지요. 이것은 방사성 원소가 방사선을 내면서 보다 안정된 다른 원소로 변화하는 것을 의미합니다. 불변하고 더 이상 나뉘지 않은 원소로서 원자의 개념이 그야말로 붕괴된 것이지요. 1907년 러더퍼드는 캐나다 맥길 대학에서 영국의 맨체스터 대학으로 자리를 옮기고 거기서 원자핵의 존재를 확인합니다.

금속 박막에 알파 입자를 쏘아 산란하는 형태를 분석한 러더퍼드는 양전기를 띤 핵이 원자의 중심에 자리 잡고 멀리 떨어진 곳에 음전기를 띤 전자가 어지럽게 돌고 있는 원자의 모델을 완성하지요. 양전기를 띤 덩어리에 음전기를 띤 전자가 듬성듬성 박혀 있는 톰슨의 모델을 뒤집은 것입니다. 그리고 1919년 라듐과 폴로늄에서 나온 알파입자가 공기중의 질소를 때려 산소의 동위원소가 생성되는 것을 확인하지요. 원자의 정체성을 가지고 있는 핵을 인공적으로 변환한 것입니다. 고대 연금술사들이 그렇게 염원했던 금을 만드는 일이 적어도 이론적으로는 가능해졌지요. 그리고 1920년에 존재가 제안된 핵 속의 전기적 중성을 띠는 입자는 1932년에 채드윅에 의해 그 존재가 확인되고 중성자라는 이름을 얻습니다. 드디어 양성자와 중성자로 이뤄진 원자핵과 그 둘레를 도는 전자로 구성된, 오늘날 우리가 이해하고 있는 원자의 구조가 완성됩니다.

양자역학과 상대성이론

독일의 물리학자 막스 플랑크는 온도가 일정한 물체에서 나오는 복사선 에너지의 불연속성을 설명합니다. 또 파장에 따른 에너지의 분포가 이 복사의 근본적인 성질을 나타낸다는 것을 확인하지요. 이 생각은 빈,

레일리의 이론으로 설명하지 못했던 복사에너지의 본질을 잘 설명합니다. 다시 말해서 빛을 작은 에너지 덩어리 즉 양자로서 광자의 흐름으로 설명하게 된 것이고 하위헌스에 의해 성립된 빛의 파동성 이외에 또 다른 빛의 성질이 드러난 것이지요. 어찌 보면 뉴턴의 입자설이 부활한 것이기도 합니다. 그리고 이 양자론은 에너지를 다루는 물리학의 거의 전부분에 적용되지요. 빛에 대한 또 다른 관찰은 광전효과입니다. 금속 표면에 빛을 쪼이면 전자가 튀어나오는 광전효과는 빛을 파동으로 보는 전통적인 생각으로는 설명이 불가능한 부분이 있습니다. 전자의 방출 여부와 방출되는 전자의 에너지는 쪼이는 빛의 세기와는 상관이 없고 진동수에 의한다는 것입니다. 원자에 붙잡힌 전자를 떼어내는데는 에너지가 필요한데 이 에너지는 파동일 경우 진폭과 진동수의 제곱에 비례하지요. 빛을 파동으로 본다면 진폭으로 나타내는 빛의 세기가 무관하다는 것은 문제가 되는 것입니다. 이때 밝은 빛은 광자의 개수가 많은 것이고 각 광자의 에너지는 빛의 진동수에 의해 결정된다는 모델은 이 현상을 아주 잘 설명하지요. 아인슈타인가 이를 설명하고 10년이 지나 미국의 물리학자 앤드루스 밀리컨이 정밀한 실험을 통해 플랑크 상수 값 h를 구했고 이 값은 실제 값과 잘 들어맞습니다.

1913년 보어는 수소 원자의 스펙트럼의 불연속성을 이 양자 개념으로 설명합니다. 기존의 러더퍼드 모형은 전자의 궤도 유지를 설명할 수가 없습니다. 양전기를 띠는 핵이 만드는 정전기장 속에서 운동하는 전자는 전자기파를 방사하면서 운동에너지를 잃고 핵 속에 빠져들어야 하지요. 하지만 안정된 상태의 궤도를 유지하다가 다른 궤도로 넘어갈 때만 불연속적이고 일정한 양으로 방사된다면 모든 문제는 해결이 됩니다.

양자역학이 물리학자 집단에 의해 구조화됐다면 상대성이론은 아인슈타인 단독으로 이룬 성과입니다. 물론 아인슈타인 이전과 동시대에 비

숫한 연구를 한 사람들이 많았던 것과 그래서 아인슈타인이 아니더라도 상대성이론이 성립됐을 것이라는 견해가 높은 타당성을 갖긴 하지만 아인슈타인이 선구자였고 결과를 만든 장본인이지요. 뉴턴 역학은 성립 당시만 해도 중력에 의해 일어나는 거의 모든 역학 현상을 설명합니다. 맥스웰에 의해 성립된 전자기학도 전기력이 작용하는 전기 현상을 역시 거의 모두 설명하고요. 그리고 두 힘의 작용 형태는 그 구조가 완전히 같습니다. 그런데 측정 기술이 발달하여 그 정밀도가 높아지면서 이 두 역학으로 설명하지 못하는 현상들이 관찰되지요.

특히 뉴턴 역학에서는 측정의 핵심에 있는 빛의 속도 문제가 대두됩니다. 뉴턴은 광속을 무한대로 간주했고 절대 공간의 존재를 증명하지 못하고 있는데 아인슈타인은 이 문제를 파악하지요. 아인슈타인 이전에 마이켈슨과 몰리는 실험을 통해 파동으로서 빛의 매질이 되는 에테르가 존재하지 않는다는 것을 확인했고 피조와 푸코는 진공이 아닌 매질에서 빛의 속도가 느려진다는 것을 확인합니다. 물론 빛의 속력은 이미 측정을 했고 로렌츠는 피츠제럴드의 운동하는 물체의 운동방향 길이 수축을 지지하고 이를 수리적으로 설명하는 로렌츠 변환식을 내놓고 시간도 변화해야 한다는 생각을 내놓았죠. 하지만 여기서 멈춘 로렌츠와 달리 아인슈타인은 이 식에 보다 새롭고 확장적인 해석을 내리는데 바로 '모든 관측자에게 자연은 동일한 법칙으로 해석된다'는 것입니다. 식으로 나타내면 다음과 같습니다.

$$l = l_0 \sqrt{1 - \frac{v^2}{c^2}}$$

l: 물체가 움직일 때의 길이 l_0: 물체가 정지 상태일 때의 길이

c: 빛의 속력 v: 물체와 관측자의 상대속력

빛의 속도는 관측자와 관측 대상의 상대적 운동에 무관하게 일정한 값으로 측정된다는 전제를 바탕으로 하는 이 식은 움직이는 물체가 움직이는 방향으로 얼마나 납작해지는지를 보여주는데 시간의 지연과 질량의 증가에도 동일한 형태로 적용되지요. 또 이 식은 빛의 속도에 가깝게 움직일수록 질량이 엄청나게 증가하는 것을 나타내고 거꾸로 그만큼 가속시키기 어려워지고 결국 물체가 빛보다 빨리 움직일 수 없다는 것을 증명하기도 합니다. 그리고 이 식은 조금 복잡한 과정을 거쳐 $E=mc^2$(E: 에너지, m: 질량, c: 광속)라는 식으로 변환되지요. 질량이 에너지로, 그것도 엄청난 양으로 변환될 수 있다는 말입니다.

훗날 이 식을 바탕으로 원자폭탄, 수소폭탄이 만들어지고 원자력발전으로 에너지를 얻으며 핵융합 발전을 시도하게 되지요. 1905년 발표된 이 특수상대성이론은 중력을 고려하지 않는 특수한 상태 즉 관성계에서만 유효한 근사적 이론으로 한계가 있습니다. 그래서 아인슈타인은 10년이 지난 1915년에 중력을 고려하는 범용성을 가지는 일반상대성이론을 발표합니다. 여기서 아인슈타인은 중력 질량과 관성 질량이 동일하다는 등가원리를 주장합니다. 이는 가속 운동에 의한 관성 효과와 질량을 가진 물체에 의한 중력 효과를 구분할 수 없다는 것이지요. 어떤 우주선에 타고 있는 사람의 몸이 뒤로 힘을 받고 있다면 이것이 가속운동에 의해 일어나는 것인지 아니면 뒤쪽에 질량을 가진 물체에 의한 중력에 의해 일어나는 것인지 알 수 없다는 것입니다.

방사선과 방사선의 위험성

　이런 찬란한 발견의 연속 뒤에는 위험과 고통이라는 그림자가 드리웠습니다. 초기에는 어떤 위험이 있는지도 잘 몰랐던 것도 비극이었습니다. 1995년 프랑스 정부는 별세한 지 61년이 지난 마리 퀴리의 공로를 인정해서 남편과 함께 그 유해를 팡테옹에 안장하기로 합니다. 그리고 그 해 이장하는 과정에서 마리 퀴리의 유해로부터 꽤 많은 양의 방사선이 방출되는 것을 발견합니다. 그래서 그 유해는 방사선 차단을 위해 납으로 만든 관으로 옮겨서 매장을 하지요. 뿐만 아니라 마리 퀴리의 연구 노트는 프랑스 국립박물관 지하의 방사선 차폐 시설에 보관되어 있다고 합니다. 생전에 사용했던 실험도구 등도 역시 차폐 시설에 1,600년(라듐의 반감기) 동안 보관하기로 결정했습니다.

　방사선이 무엇이기에 이렇게 100년이 지난 상태에서도 여전히 위험하고 1,600년을 더 특별히 관리를 해야 할까요? 일단 방사선의 위험한 특성은 투과와 파괴에 있습니다. 정도의 차이가 있지만 차단시키기가 어렵고, 생체를 포함하는 물질에 에너지를 주어 물리적, 화학적으로 변화시키고 따라서 생명 활동에 지장을 줍니다.

그렇다면 방사선은 어떻게 생기는 걸까요? 대표적인 방사성 원소 우라늄 일부는 안정한 상태의 원소가 되기 위해 핵분열을 일으키고 열에너지와 중성자를 방출합니다. 이 방사선은 에너지 흐름 집단으로 알파선, 베타선, 감마선, X선, 빛(가시광선 포함), 중성자 등이 포함되지요. 이렇게 방사선을 내는 능력을 방사능이라고 합니다. 즉, 방사선은 방사능을 가진 어떤 물체가 입자(예, 알파선 입자)나 파동(예, 빛)의 형태로 방출하는 에너지 흐름을 말하고, 이런 성질을 가진 물질을 방사성 물질이라 합니다. 보통 불안정한 상태의 원자핵이 보다 안정적인 상태로 바뀌는 과정에서 방사선(대게 알파선, 베타선, 감마선)을 방출하지요. 전구에 비유하자면 전구가 방사성, 전구가 내는 빛을 방사선, 전구의 밝기를 방사능이라고 할 수 있겠습니다.

이 방사선을 종류별로 조금 더 자세하게 살펴보겠습니다. 알파입자는 헬륨의 원자핵과 동일하며 자연계에서는 우라늄처럼 무거운 원소에서 방출됩니다. 알파입자는 투과력이 매우 약해서 종이나 인체 피부도 뚫지 못해 외부 피폭은 문제되지 않습니다. 그러나 알파입자를 방출하는 방사성 물질이 체내로 들어가 인체 내부 피폭이 일어날 경우에는 다른 방사선보다 생물학적 작용력이 훨씬 크지요. 예를 들어 지하실 등에서의 공기 중에 존재하는 라돈 가스는 알파입자를 방출하기 때문에 호흡시 폐에 흡입되어 유해합니다.

베타입자는 한마디로 전자입니다. 인공적인 핵분열, 핵융합 등으로도 생성되는 방사성 핵종에서 방출되는데 공기중에서 빛의 속도 가까이 움직일 수 있는 정도로 빠르게 움직입니다. 어느 정도 투과력이 있어서 물이나 인체조직의 1cm 정도를 뚫고 들어갈 수 있고 인체 밖에서 피폭될 때, 즉 외부 피폭시에는 피부나 수정체와 같이 인체의 표면 조직들이 위

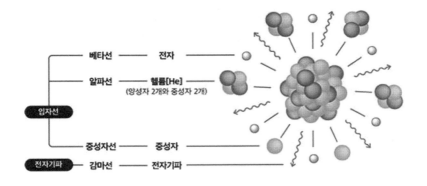

그림 5. 방사선의 종류(출처: 한국원자력연구원 홈페이지).

험할 수 있지요. 또한 베타입자를 방출하는 방사성 물질이 체내로 들어가 체내 피폭을 유발할 수도 있습니다. 예컨대 중수형 원자로 시설에서 발행하는 수증기에는 삼중수소가 들어 있는데 삼중수소는 원자로 건물이나 원자로 보조건물에 존재할 수 있죠. 삼중수소는 베타입자를 방출하기 때문에 이 수증기를 호흡해 체내에 흡수하면 유해할 수 있습니다.

X선은 고진공 상태에서 높은 에너지의 전자가 물질과 충돌하며 발생되는 전자기파 방사선(전자기파의 다른 예로는 가시광선, 휴대폰 통신에 사용되는 MHz, GHz 단위 전파가 있다)으로, 주로 인공적 장치(예컨대 X선관)에서 발생됩니다. 흉부나 치과 X선 촬영, CT 촬영 등 의료계에서 많이 사용되지요. 투과력이 강하여 인체조직을 쉽게 뚫고 지나갈 수 있습니다. 이 투과력이 너무 과하면 암을 유발할 가능성이 높아지므로 관련 법규를 잘 준수하며 사용하여야 합니다.

감마선은 에너지가 아주 높은 전자기파로 자연계에서 우라늄처럼 무거운 원소에서 방출되거나 인공적인 핵분열, 핵융합 등으로도 생성되는

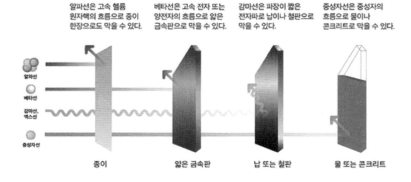

알파선은 고속 헬륨 원자핵의 흐름으로 종이 한장으로도 막을 수 있다.

베타선은 고속 전자 또는 양전자의 흐름으로 얇은 금속판으로 막을 수 있다.

감마선은 파장이 짧은 전자파로 납이나 철판으로 막을 수 있다.

중성자선은 중성자의 흐름으로 물이나 콘크리트로 막을 수 있다.

알파선
베타선
감마선, 엑스선
중성자선

종이　　얇은 금속판　　납 또는 철판　　물 또는 콘크리트

그림 6. 방사선의 특징(출처: 한국원자력연구원 홈페이지).

방사성 물질로부터 나옵니다. 투과력이 X선보다 훨씬 더 강하여 인체조직, 나무 및 알루미늄 등을 쉽게 투과할 수 있고 피폭이 심하면 아주 위험합니다.

　중성자는 자연계에서 우라늄처럼 무거운 원소에서 방출되거나 인공적인 핵분열, 핵융합 등으로도 생성되는 입자이지만 전하를 지니지 않아 감마선처럼 투과력이 높습니다.[1] 물질의 원자핵에 반응하며, 생물학적 위험성이 아주 크지요. 중성자는 물질내 원소들과 핵반응을 하여 새로운 방사성 물질을 만들고, 이것들이 또 다른 알파선, 베타선, 감마선을 만들 수 있어서 아주 위험합니다. 알파선, 베타선, X선, 감마선, 중성자 등을 포함하는 방사선은 의료, 연구, 산업 등에서 광범위하고 유용하게 사용되고 있지만, 과다 피폭되면 위험하므로 관련 전문지식을 갖추고 허가받은 전문가가 관련 법규를 철저히 준수하며 사용하여야 합니다.

---

1 중성자는 물이나 플라스틱 등에 존재하는 수소 등 가벼운 원소들과 핵적 반응을 하면 투과력이 감소될 수 있음. 대표적인 핵분열성 물질인 우라늄(U)-235와 플루토늄(Pu)-239는 핵분열시 평균적으로 약 2.42개와 2.87개의 중성자를 방출한다.

표 1. 우리나라의 방사선 선량 한도(출처: 원자력안전정보공개센터). 우리나라에서 일반인과 방사선작업종사자가 최대한 받을 수 있는 방사선의 한도를 나타낸 표.방사선 피폭량(방사선에 노출되는 양)의 기준의 단위는 Sv다.

구분		방사선직업종사자	수시출입자 및 운반종사자	일반인
유효선량한도		연간 50mSv를 넘지 않는 범위에서 5년간 100mSv	연간 12mSv	연간 1mSv
등가선량한도	수정체	연간 150mSv	연간 15mSv	연간 15mSv
	손·발·피부	연간 500mSv	연간 50mSv	연간 50mSv

지금까지 알려진 바로는 약 100mSv 이상의 방사선 피폭에 대하여서는 위해가 발생될 수 있다고 판단되지만(일부에서는 중간 연구의 결과로 이를 약 50mSv로 낮추어야 한다고 주장할 수도 있다고 함), 약 50mSv 이하의 저선량[2] 방사선에의 노출은 아직도 논쟁의 대상입니다. 참고로 미국에서는 미국 방사선 종사자에 대한 연간 50mSv인 제한치를 낮추기 위한 (한국과 같이 연 간 50mSv를 넘지 않는 범위에서 5년간 100mSv) 미국 정부에서 사전 조사를 했는데 현행 제한치인 연간 50mSv를 유지하기로 결정했습니다. 수십만 명의 미국 방사선 종사자들에 대한 피폭 이력을 조사한 결과 연간 20mSv를 넘게 피폭된 경우가 거의 없어서 제한치를 낮춰서 얻는 실익이 없다고 판단하였기 때문이지요. 제한치가 연간 50mSv이지만 그 절반 이하로 잘 준수되고 있는 이유는 미국인과 한국인을 포함한 대부분의 사람들이 방사선 피폭에 대한 두려움이 커서 제한치를 넘으면 곧 발병된다고 생각하기 때문인 것으로 추정됩니다.

사실 이런 방사선은 방사선 종사자들이 아니더라도 우리는 아주 미량이긴 하지만 피폭되고 있습니다. 저선량을 포함한 자연 및 의료 방사선 피폭과 관련하여 지금까지 알려진 다음의 사항들이 참고가 될 수 있습니다.

---

2 방사선 선량은 시버트(Sv)로 나타나 있음. 0.0024SV(2.4 mSv)는 자연방사능에 의한 피폭량임.

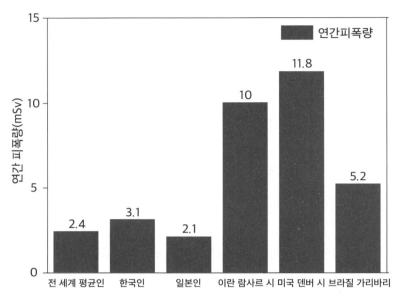

그림 7. 주요 국가 연간 피폭량 비교.

(1) 전 세계 평균인의 연간 피폭량 약 2.4mSv(라돈 1.2, 지표 0.5, 우주 0.4, 음식 0.3)[3]

(2) 화강암이 많은 국토의 한국인 3.1mSv, 화산암이 많은 국토의 일본인 2.1mSv

(3) 방사성 암석이 많은 이란의 람사르 시(市) 주민 평균 10mSv, 한 가정 최대선량 131.0mSv[1]; 방사성 암석이 많은 미국 덴버 시(市) 11.8mSv[5]; 방사성 모래가 많은 브라질 가리바리 시(市) 5.2mSv[1]

(4) 방사선 암치료 부위 10,000 ∽ 60,000 mGy(mSv와 거의 동일함)

(5) CT 촬영 10mSv, 흉부 X선 촬영 0.1mSv

(6) 바나나 1,000개, 커피 1,000잔 0.1mSv

---

3 동굴이나 지하실 등에는 라듐과 우라늄이 많아 라돈 피폭이 더 많을 수 있다. 실내 라돈의 주요 오염원으로는 토양가스이며, 가정용수와 건축자재에 의해서도 라돈가스가 일부 방출된다. 이 중 토양가스는 건물바닥이나 벽의 균열부분, 벽과 바닥의 교차부분과 바닥재의 이음새, 배수관이나 오수관 및 이들 주변의 틈을 통해서 실내로 유입 가능하다. 지하 공간의 라돈 오염은 지질특성과 밀접한 관계가 있는데 퇴적암이나 현무암 지층에 비하여 화강암 지층이 문제가 될 수 있다.

[더 알아보기] 방사선 노출 수준과 증세[1]

0.05~0.2Sv (50~200mSv)

증세 없음. 잠재적으로 암 및 유전자변형 위험이 있을 수 있으나, 이는 논쟁의 대상임.

0.2~0.5Sv

인지 가능한 증세 없음. 적혈구 일시적 감소.

0.5~1Sv

두통을 포함한 미약한 방사능병 증세. 면역세포의 교란을 통한 감염 가능성 증가. 일시적인 남성 불임도 가능.

1~2Sv (1,000~2,000mSv)

가벼운 피폭 증세. 30일 이후 10%의 사망률. 미약하거나 때로는 구토를 유발하는 메스꺼움(2Sv에서 50%의 확률)을 포함한 일반적인 증세. 노출 후 3~6시간 정도에서 시작되며, 하루정도 지속됨. 10~14일 동안 호전 증세가 이어지며, 이후 식욕부진이나 피로와 같은 일반적인 증세가 이어짐. 면역체계가 저하되어있으므로, 회복기간 이 길며, 감염위험도 높음. 일시적인 남성 불임은 일반적임.

2~3Sv

심각한 피폭증세. 30일 이후 35%의 사망률. 메스꺼움이 일반적(3SV에서 100%)이며, 2.8Sv에서 50%로 구토.

3~4Sv

심각한 피폭증세. 30일 이후 50%의 사망률. 다른 증세는 2~3SV의 경우와 같으며, 호전기 이후에 입, 피하, 신장 등에 심각한 출혈이 발생(4SV에서 50%의 확률).

4~6Sv

중대한 피폭증세. 30일 이후에 60%의 사망률. 사망률은 집중적인 치료가 없을 경우 4.5SV의 45%에서 6SV의 90%까지다. 물리학자 해리 K. 더그힐란 2세는 1945년 8월 21일 뉴멕시코에 있는 로스 알라모스 국립연구소의 임계 질량 실험 도중에 중성자에 의해 5.1SV를 받았으며 그로부터 28일뒤 사망.

6~10SV

중대한 피폭증세. 14일 이후에 100%의 사망률. 집중적인 치료가 뒷받침되어야 살아날 수 있음. 골수는 거의 완전히 파괴되어서, 골수이식이 요구됨. 위 및 내장 조직은 심각하게 피해를 입음. 15~30분 사이에 증세가 시작되어 2일 정도 지속됨. 5~10일간의 호전기 이후, 감염이나 내부출혈로 사망. 회복 기간은 수년 이상이 걸리거나, 불가능할 수 있음.

10~50SV

중대한 피폭증세. 7일 이후에 100%의 사망률. 이러한 높은 노출은 5~30분 이후에 즉각적인 증세를 불러일으킴. 정신착란 및 순환기관의 파괴에 따른 혼수와 함께 사망에 이름. 유일한 치료는 통증치료. 루이스 슬로틴은 1946년 5월 21일에 로스알라모스에서 발생한 임계사고로 인하여 대략 21SV에 노출되었으며 9일 후인 5월 30일 사망.

50~80SV

수초, 수분이내에 즉각적인 방향감각 상실과 혼수에 이름. 신경계의 완전한 파괴에 따라 수시간 이내에 사망함.

80SV 이상

대체로 즉각적인 사망이 예상됨. 치료는 거의 불가능함. 1964년 7월 24일 미국 로드아일랜드주 사고에서 100SV에 노출된 인부는 49시간을 살아남았으며, 1958년 12월30일 미국 뉴멕시코주 로스 알라모스의 사고에서 상체에 120Sv를 받은 인부는 36시간을 살았음.

핵무기 개발과 보유 현황

　원자력에 대한 사람들의 심대한 우려는 앞서 조금 소개한 일상적인 피폭보다는 무엇보다도 원자폭탄의 엄청난 폭발력과 상당기간 피해를 주는 방사선에 의한 무시무시한 살상력과 파괴력에 기인합니다. 그 파괴력을 그 누구보다 먼저 알고 있었을 아인슈타인조차도 핵무기가 실제로 사용된 이후, 이렇게 말했습니다. "내가 만약 히로시마와 나가사키의 일을 예견했다면, 1905년에 쓴 공식(상대성 이론)을 찢어버렸을 것이다." 이 역사적 충격이 어떻게 시작되었는지 살펴보도록 하겠습니다.

　1933년, 러더퍼드는 「타임」지에 연설문을 실었는데, 그는 여기에서 "핵반응만으로는 핵에너지를 유용한 에너지로 전환해 인류에게 도움이 되는 방향으로 사용하기 힘들다"라고 했습니다. 이 글을 읽은 물리학자 실라르드 레오실라르드 레오는 러더퍼드의 단정적인 결론에 대해서 의구심을 가지고 있었다가, 마침내 그렇지 않을 수도 있음을 깨닫게 됩니다. 우라늄 핵의 연쇄 반응을 떠올린 것입니다.

　당시에 존재가 알려지기 시작한 중성자는 원자핵이 가진 전자기적 반

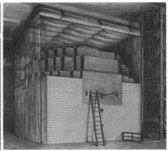

그림 8. 왼쪽부터 실라르드 레오, 엔리코 페르미, 최초의 원자로인 Chicago Pile-1.[1]

발력을 무시하고 핵반응을 일으킬 수 있는 입자였지요. 이 사실을 알고 있던 실라르드 레오는 만약 하나의 중성자를 핵반응으로 소모하더라도 이어지는 핵반응에서 계속 중성자가 생산된다면 연쇄적인 핵반응을 통해서 핵에너지가 대량으로 방출될 수 있으며, 이를 통해서 핵에너지를 유용한 에너지로 전환할 수 있을 것으로 생각했습니다. 처음 사용된 중성자보다 더 많은 중성자가 지속적으로 나오기 위해서는 핵분열반응을 발견해야 했으나, 실라르드 레오는 핵분열반응이 채 발견되기도 전에 이미 이런 아이디어로 영국에서 특허를 출원합니다. 재미있는 사실은 당대의 가장 유명한 과학자였던 러더퍼드의 단언에 불구하고 실라르드 레오는 조지 웰스의 공상과학 소설에서 생각하는 미래에 끌렸고, 마침내 러더퍼드의 결론을 극복할 방법을 생각했다는 것이지요.

실라르드 레오는 아인슈타인의 제자 중 한 명이었으며, 아인슈타인은 그의 박사학위 논문을 매우 높게 평가했습니다. 핵연쇄반응에 대한 아이디어를 얻은 실라르드 레오는 유대인인 자신을 박해하는 나치를 피해서 미국으로 건너가지요. 그는 핵연쇄반응을 이용한 새로운 무기를 독일이 먼저 개발할 수 있다는 두려움이 있었습니다. 그 일을 막기 위해 미국 대통령인 루스벨트에게 편지를 쓰기로 결심하지요. 하지만 당시에 그는 명성이 높지 않았기 때문에 자신의 스승이자 같은 이유로 미국에 온 아인슈타인을 설득해 편지에 서명을 받았습니다. 이 편지는 루스벨트 대통령에게 영향을 주었고, 마침내 미국이 '맨해튼 프로젝트'를 시작하는 단초가 됐고요. 실라르드 레오는 나치를 피해 미국으로 도피한 엔리코 페르미와 함께 시카고 대학교 지하에서 최초의 원자로를 만드는 작업에 착수했습니다. 이때 만든 원자로가 바로 'Chicago Pile-1'이지요.

실라르드 레오와 엔리코 페르미는 Chicago Pile-1 원자로에서 핵연쇄반응이 가능하다는 것을 실증했습니다. 핵분열반응으로 우라늄-235 동위원소에서 에너지를 방출하게 하는 방식이지요. 이러한 핵분열반응을 일으키려면 연료인 우라늄을 잘 분열시켜서 에너지를 발생하게 하는 중성자가 필요한데, 이는 화석연료가 연소할 때 산소가 필요한 것과 비슷합니다. 다만 산소는 공기 중에 존재하기 때문에 자연스럽게 공급할 수 있지만, 중성자는 인공적으로 만들어야 하지요. 즉, 원자력 에너지를 지속적으로 얻으려면 연료인 우라늄뿐만 아니라 중성자가 함께 필요합니다. 실라르드 레오와 엔리코 페르미는 아주 특수한 상황을 만드는 원자로를 만들었습니다. 이 최초의 원자로에서는 중성자가 생성되고, 이 중성자가 우라늄의 핵을 분열시켜 에너지를 발생하는 연쇄 반응을 일으켰습니다. 드디어 인류가 지금까지 사용해오던 것과 전혀 다른, 완전히 새로운 에너지를 만든 것입니다. 인류 역사에 길이 남을 대단한 업적을 이룩한 것입니다.

자연계에 존재하는 우라늄은 99.3%가 우라늄-238 동위원소입니다. 그런데 우라늄-238을 이용한 핵분열반응은 핵연쇄반응을 일으키는 것이 불가능하고 따라서 우라늄-238은 폭탄에 적합하지 않았습니다. 즉, 핵분열반응으로 무기를 만들려면 자연계에 1% 미만(0.7%)으로 존재하

그림 9. 왼쪽부터 로버트 오펜하이머, 어니스트 로렌스, 리처드 파인만.[1]

는 우라늄-235를 매우 높은 농도(95% 이상)로 농축해야 했으며, 이를 위해서 맨해튼 계획 수행 등을 통한 고도의 설비가 필요했습니다.

원자폭탄을 만들기 위한 기초 데이터가 확보되자, 독일 나치에 반대하는 전 세계의 과학자들이 모여 원자폭탄 개발 작업에 들어갔습니다. 이 맨해튼 계획(프로젝트)에 참여한 과학자들은 '미국의 프로메테우스'로 조명을 받은 로버트 오펜하이머, 최초로 사이클로트론을 개발해 노벨상을 받은 어니스트 로렌스, 대중에게도 잘 알려진 리처드 파인만 등과 같은 사람들이었습니다.

맨해튼 계획은 레슬리 그로브스 소장이 지휘하는 미국 육군 공병대의 주도로 1939년부터 1946년까지 진행되었습니다. 민관 합동으로 진행된 맨해튼 계획의 군사 부문은 맨해튼 지구Manhattan District 라 불렸고, 전체 프로젝트를 총괄하는 공식 이름은 대체 자원 개발Development of Substitute Materials 이었습니다. 맨해튼은 공식명을 대신하는 미국측 암호명이었고, 영국 측 참가 조직의 암호명은 튜브 앨로이스Tube Alloys, 즉 특수강관特殊鋼管 이었습니다.[1] 전쟁승리를 위한 대량 살상을 위하여 초특급 비밀 군사작전으로

기획부터 히로시마와 나가사키에의 투하까지 진행된 것입니다.[4]

　맨해튼 계획은 1939년에 극소수만 참여한 소규모의 프로젝트(최초 예산 6천 달러)로 출발하였지만 1945년에는 인원 13만 명, 예산 20억 달러(인플레이션을 감안한 2011년 화폐가치로 환산하면 약 244억 달러)로 증가하였습니다. 비용의 90% 이상은 공장 건축, 핵분열 원료 구입에 사용되었고요, 10% 정도는 무기 개발에 사용되었습니다. 연구 개발과 제조는 미국, 영국, 캐나다 등에 있는 30곳 이상의 지역에 분산되어 진행되었고요.

표 2. 맨해튼 계획 결산 비용.[1]

내역	비용 (1945년 미국 달러)
오크리지 지역	$1,188,352,000
헨포드 지역	$390,124,000
로스앨러모스 지역	$74,055,000
특수 재료 운용	$103,369,000
연구개발	$69,681,000
정부 간접비	$37,255,000
중수 생산 설비	$26,768,000
합계	$1,889,604,000

　맨해튼 계획을 진행하면서 미국 내 중요한 국립연구소들이 대부분 생겼는데, 로스알라모스 국립연구소와 오크리지 국립연구소가 특히 중요한 역할을 수행했지요. 그중 로스알라모스 국립연구소의 초대 소장이 바로 로버트 오펜하이머이며, 리차드 파인만을 비롯한 대부분의 이론 물리학자들이 여기에서 연구를 진행했습니다.

　전쟁 기간 동안 확실한 "성공"을 위하여 두 종류의 핵폭탄이 개발되었

4　핵실험 중에서 역사상 가장 강력한 위력을 지닌 핵실험은 러시아가 1961년 북극해 노바야제믈랴제도에서 실시한 'Tsar Bomba' 수소폭탄 실험으로 러시아는 이 수소폭탄의 위력이 히로시마에 떨어진 원자폭탄의 3,800배 이상에 이르는 50MT의 위력이었다고 밝힘. 폭발 당시 발생한 버섯구름이 60 km 높이에 이르렀으며, 100 km 밖에 있는 사람에게도 3도 화상을 입힐 정도였고, 1,000 km 떨어진 핀란드에서도 유리창이 깨질 정도의 위력이었다고 알려짐.

그림 10. 맨해튼 계획의 주요 연구·개발 장소.[1]

습니다. 하나는 우라늄-235를 탄두로 사용한 포신형 핵분열 무기로, 자연에 존재하는 우라늄 가운데 0.7%를 차지하는 우라늄-235를 농축하여 핵탄두로 제작하였습니다. 우라늄-235는 대부분의 동위 원소인 우라늄-238과 원자량이 거의 같기 때문에 이 둘을 분리하여 농축하는 것은 매우 힘든 일입니다. 이 일은 동위 원소 분리 공정인 기체확산법을 이용한 우라늄-235의 농축 공정으로 구성되었는데요, 공정 대부분은 테네시 주 오크리지 지역에서 이루어졌지요. 우라늄-235를 농축하는 데 가장 크게 기여한 사람이 바로 어니스트 로렌스였습니다.

1945년 7월 16일 역사상 최초의 핵폭발 실험인 우라늄탄 "트리니티 실험"이 진행되었습니다. 실험 이후 두 종류의 핵폭탄이 만들어졌고요. 우라늄의 포신형 핵폭탄에는 리틀 보이Little Boy라는 이름이 붙었고요, 플루토늄의 내폭형 핵폭탄은 팻 맨Fat Man이라 불렀습니다. 독일보다 먼저 원자폭탄을 개발해야 한다는 압박 속에서 진행한 맨해튼 계획은 정작 독일과의 전쟁을 끝내는데 사용하지 못했고, 일본과 미국의 태평양 전쟁을

그림 11. 맨해튼 계획의 트리니티 핵실험 장면.[1]

끝내는 목적으로 이용됐지요. 히로시마와 나가사키에 각각 원자폭탄이 떨어졌는데, 사실 두 개의 폭탄은 서로 다른 폭탄이었습니다. 시작 당시 과학자들은 우라늄을 이용해 원자폭탄을 만드는 방법과 우라늄-238을 플루토늄이라는 인공원소로 변환해 만드는 방법 중 어느 것의 가능성이 높은지 확신하지 못했고, 두 가지 가능성을 모두 확인하는 방식으로 프로젝트를 진행했습니다. 플루토늄은 워싱턴주 핸포드 지역에 있는 원자로에서 만들어졌습니다. 플루토늄의 제조법으로는 우라늄-238에 중성자를 조사照射하는 핵 전환이 사용되었고요. 핵 전환으로 생성된 플루토늄은 화학적 분리 방법으로 정제되었습니다. 이 폭탄의 개발 및 제작은 뉴멕시코주에 있는 로스앨러모스 지역에서 진행되었고요, 포신형 보다 더 복잡한 내폭형으로 설계되었지요. 히로시마에는 우라늄을 원료로 한 우라늄 원자폭탄을, 나가사키에는 플루토늄을 원료로 한 플루토늄 탄을 사용되었습니다.

　유럽에서의 전쟁은 끝났지만 일본은 끝끝내 항복하지 않았습니다. 결국 유감스럽게도 미국은 히로시마와 나가사키에 핵폭탄 투하를 결정하였습니다. 1945년 8월 6일 리틀 보이가 히로시마에 투하되었고요, 8월 9일에는 실험을 거치지 않은 팻 맨이 나가사키에 투하되었습니다.

원폭 투하

로버트 오펜하이머는 트리니티 핵실험이 끝나고 힌두교 경전을 인용하며 말했다고 전해집니다. "나는 이제 죽음이요, 세상의 파괴자가 되었도다." 핵실험에서 많은 과학자들은 이 파괴력에 경악했지만, 실제로 원폭을 투하하면서 생긴 일들은 그들의 예상을 뛰어넘을 정도로 고통스러웠습니다.

원자폭탄의 폭발에 의해 생기는 재해는 크게 폭풍(전체 에너지의 약 50%), 열선(약 25%) 및 방사선(약 15%)에 의해서 초래된다고 합니다. 이들은 인체에 직접 닿아 열상, 폭풍상 및 방사선장해를 일으키는데, 폭발점에서의 거리가 멀어짐에 따라 감쇄한다고 알려져 있지요. 또한 폭발점 방향에 열선, 방사선 혹은 폭풍의 에너지를 흡수 내지 반사하는 차폐물이 있다면 상해작용이 약해집니다. 1945년 8월 상순 일본에 투하된 원자폭탄 2가지에 대한 재해조사의 보고에 의하면 원자폭탄에 의한 상해나

그림 12. 우라늄 핵폭탄 리틀 보이와 플루토늄 핵폭탄 팻 맨.[1]

그림 13. 1945년 8월 6일 히로시마와 같은 달 9일의 나가사키 핵폭발 장면.[1].

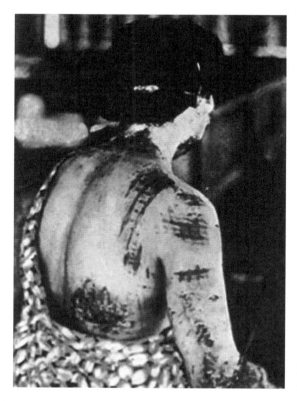

그림 14. 1945년 8월
히로시마 핵무기 피해자의
옷이 녹아 피부에 침투.[1]

사망의 경과는 시기에 따라 크게 네 가지 정도로 나누고 있습니다.

1. 초기(원자폭탄 폭발 직후부터 2주까지)

원자폭탄 폭발과 동시에 발산된 강렬한 열선, 폭풍 등의 위력이 결합해 작용해 각종 상해 작용이 동시에 증상을 나타내 최고도의 재해를 일으키는 시기.

2. 중기(3주부터 8주까지)

중증도의 원자폭탄방사능상해가 다수 발생하고 피해자들이 사망하는 시기.

3. 만기(3개월부터 4개월까지)

각종 장해증상이 그 정도 및 속도차가 있고 회복이 진행되기도 하는 시기. 하지만 각종 다발성증상이 합병증으로 와 중태에 빠져 사망에 이르는 경우도 있음.

4. 후기(5개월~): 열상 또는 기형적 손상치유 후의 각종 후유증상(변형, 포진, 흉터 등), 방사능 장해 증상으로서 백혈병이나 각종 후유장해(빈혈, 암 등), 혹은 생식기능장해에 기초하는 각종 후유장해가 일어나는 시기.

원폭방사선의 인체에의 후기 장해 중 중요한 것 중 하나는 악성종양의 발생입니다. 1950~1985년의 35년간의 집계에 따르면 백혈병, 유방암, 폐암, 위암, 결장암, 다발성골수종 등에 있어서는 밝혀진 방사선량과의 상관관계가 인정되고 있다고 합니다. 이외에도 고혈압, 척추질환, 백내장 등과 같은 질환이 대표적인 장기간 지속의 후기 장해에 속합니다.

기록에 따르면 히로시마 원폭 투하 당시 즉사한 사망자가 무려 약 70,000명입니다. 의료 물자 부족 때문에 화상과 피폭 및 관련 질병을 입은 환자들은 부상이 더욱 심각해져 1945년 말 히로시마 원폭 투하로 인

그림 15. 1945년 8월 히로시마에 원폭이 투하된 후의 모습.[1]

해 생긴 총 사망자는 최대 166,000명이었다고 합니다. 1950년까지 피폭으로 인한 암과 같은 장기질환 등 때문에 사망한 사람들까지 합하면 무려 약 200,000명에 이를 것이라고 일부는 추산하고 있습니다. 이 중 우리 한국인 사망자도 약 3만명에 달한다고 합니다. 또 다른 연구에 따르면 1950년부터 1990년까지 일본에서 백혈병을 포함하는 각종 암으로 죽은 사람들 중 9%가 히로시마 원폭 당시 피폭 받은 사람들이라고 하고요. 많은 한국인들도 원폭피해로 암과 백혈병으로 죽었습니다. 나가사키에서는 40,000명에서 75,000명에 이르는 사람이 즉사했고요, 1945년 말까지 총 80,000여 명이 사망한 것으로 기록됐다고 합니다.[1]

맨해튼 프로젝트는 대중이 색안경을 끼고 과학자와 공학자를 보게 만드는 데 결정적인 역할을 했습니다. 즉, 윤리의식이 부족한 과학자와 공학자가 세계를 멸망시킬 수도 있는 가공할 무기를 정부의 은밀한 연구소에서 개발하고 있을지 모른다는 불안감을 준 것이지요. 이런 불안감은 아직까지도 지속적으로 영화와 소설 같은 문화 콘텐츠를 통해 재생산되고 있지요. 하지만 어느 인간 사회에서나 윤리의식을 가진 사람과 그렇지 않은 사람이 존재하며, 그중 인류의 더 나은 미래를 위해 과학기술을 개발하려는 이들도 많습니다.

핵무기의 비확산과 약속

히로시마와 나가사키의 비극을 겪고 나서야 태평양전쟁은 끝이 났습니다. 하지만 인류는 핵무기 생산은 멈추지 않았습니다. 오히려 미국과 소련 간의 냉전체제가 강화되면서 두 국가가 경쟁적으로 핵무기를 갖추게 되었고, 쿠바 위기 등 아찔한 순간들이 연출될 뻔 했습니다. 미국과 소련 외에도 다른 국가에서도 방위력을 위해 핵실험을 무수히 실험하고 핵무기를 손에 넣는 데 성공하게 됩니다.

물론 핵무기 생산과 보유를 막고자 했던 노력이 없던 것은 아닙니다. 핵비확산조약NPT, Non-Proliferation Treaty, Treaty of the Non-Proliferation of Nuclear Weapons에서 공식적으로 인정하는 핵무기 보유국은 미국, 영국, 러시아, 프랑스, 중국 5개국뿐입니다. 인도와 파키스탄은 1974년과 1998년 각각 핵실험까지 하였고, 이스라엘은 비록 핵실험은 실시하지 않았으나 사실상 보유국으로서 세계가 알고 있습니다. 다행스럽게도 남아프리카 공화국과 우크라이나, 카자흐스탄, 벨라루스는 한때 핵무기를 보유하고 있었지만 이후 폐기 또는 러시아로 이관하였습니다. 유감스럽게도 2006년 10월 9일 북한은 핵무기 실험을 성공적으로 수행했다고 발표하였고요, 발표한 지 11년 뒤인 2017년 9월 3일 6차 핵실험으로 약 100kT의 핵실험을 했지만 국제사회는 법적이나 정치적으로 인정하지 않고 있습니다. 전 세계는 1986년의 최고 70,300여개의 핵탄두를 보유한 이후, 미국과 러시아의 상호 핵무기감축협정 이행으로 2019년 현재 약 3,750개의 실전 배치를 포함하여 무려 약 13,890개의 핵탄두를 보유하고 있습니다.

이들이 대도시 등 인구 밀집지역에 사용되면 인류 역사에 엄청난 재앙이 될 것입니다. 제2차 세계대전 이후 적극적인 반전주의자가 된 아인슈타인은 이런 말을 남겼습니다. "나는 제3차 세계대전에서 어떤 무기를 가지고 싸울지 알지 못한다. 그러나 제4차 세계대전은 막대기와 돌을 들고 싸우게 될 것이다". 핵무기로 전쟁을 벌였다간, 인류가 지금껏 이뤄낸 모든 것이 사라질지도 모른다는 암울한 경고였지요.

2022년 러시아가 우크라이나와 전쟁에 돌입하면서, 많은 이들이 우크라이나에 있는 체르노빌 원자력발전소에 대한 우려를 표했지만, 그보다 더 무서운 것은 세계 1, 2위를 다투는 핵무기 보유국인 러시아가 핵무기를 발사하기로 결정할지도 모른다는 것입니다. 물론 많은 나라들이 핵무기를 사용하기보다는 다른 국가를 견제하고 위협하는 수단으로 보유하는 데 의의를 두고 있지만, 오판의 가능성을 무시할 수는 없을 것입니다.

표 3. 2019년 전 세계 핵무기 보유 현황.[1]

국가	핵탄두 수		핵실험 수
	실전 배치	보유	
NPT 인정하의 핵무기 보유 5개국			
미국	1,700	5,550	1,054
러시아	1,600	6,257	715
영국	120	225	45
프랑스	280	290	210
중국	Unknown	350	45
Non-NPT 핵무기 보유 3개국			
인도	Unknown	160	6
파키스탄	0	165	6
북한	0	45	6
Undeclared 1개국			
이스라엘	0	90	N/A

원자력발전의 시작부터 현재까지

원자력발전의 시작

원자력을 에너지 생산에 이용하려는 시도도 이루어졌습니다. 원자력 발전은 에너지를 중앙에서 생산해서 수요에 따라 공급(송전)하는 발전소의 형태를 띄게 되었습니다. 중앙에서 발전해 송전하는 최초의 발전소는 1882년 런던의 홀본 비아덕트에 건설된 발전소입니다. 이 발전소는 토머스 에디슨의 발명품인 전구가 당시 시장을 점유하던 가스램프보다 더 효용성이 있다는 것을 증명하기 위해서 건설되었지요. 동일한 목적으로 발명왕 토머스 에디슨은 같은 해에 영국에서 증명된 기술을 바탕으로 뉴욕 맨해튼의 금융가가 몰려 있는 펄가^{Pearl Street}에 1,400여 개의 전구를 동시에 켤 수 있는 발전소를 건설하였습니다.

전기를 생산한 최초의 원자로는 EBR-1이라는, 아이다호 국립연구소에서 실험했던 원자로입니다(원자력발전의 원리는 부록 6 참조). 1951년 12월 20일 오후 1시 50분에 전기를 200KW 생산했는데 이 때 사용된 원자로의 에너지는 그 7배인 1.4MW였습니다. 이 원자로는 맨해튼 프로젝

그림 16. EBR-1 원자로의 최초 발전으로 4개의 전구를 켰다.[1]

트가 종결된 이후 원자력 에너지를 평화적으로 사용하기 위해서 발전을 위한 열원으로 사용한 최초의 시도였지요. 당시에는 발전에 필요한 우라늄이 많이 부족할 것이라는 판단이 가장 큰 고민거리였습니다. 이는 당시의 자원 탐사기술이 낙후되어 우라늄의 매장량을 충분히 확인하지 못했기 때문에 생긴 고민이었지요. 하지만 지금은 자원 탐사기술이 발전해, 최근까지 확인된 바에 따르면 앞으로 100여 년간 원자력발전소에서 사용할 만한 충분한 양의 우라늄이 존재한다고 합니다. 맨해튼 계획의 원리를 설명하면서 언급했듯이 실제로 원자력발전소에서 사용해 원자력 에너지를 제공할 수 있는 우라늄은 우라늄의 99% 이상을 차지하는 우라늄-238이 아니라 0.7%로 미미하게 자연에 존재하는 우라늄-235입니다. 즉 당시는 확인된 우라늄의 매장량도 적을뿐더러 매장된 우라늄이 대부분 원자력 에너지로 사용할 수 없었던 것이 큰 걸림돌이었습니다.

이 문제를 해결하기 위해서 최초의 원자로를 설계하고 실험했던 이탈리아 출신 천재 엔리코 페르미는 우라늄-238을 플루토늄으로 바꿀 가능성에 대해서 고민합니다. 고민 끝에 페르미를 비롯한 미국의 연구진들은 우라늄-235에서 핵분열로 생산된 2~3개의 중성자 중 하나가 다시 우라늄-235와 반응해 에너지를 생산하고, 나머지 중성자들이 우라늄-238에 흡수해 만든 플루토늄을 다시 연료로 하는 원자로를 설계하지요. 문제는 중성자를 더 많이 만들려면 우라늄-235가 흑연이나 물과 같은 감속재가 존재하지 않는 환경에 있어야 합니다. 그래서 원자로를 효율적으로 냉각하기 위해 액체 상태의 나트륨 같은 액체금속을 냉각재로 사용하는 원자로를 설계하게 되지요. 이 원자로가 EBR-1으로, 핵연료를 소모해 전기를 생산하는 동시에 소비한 핵연료보다 더 많은 핵연료를 만들어내는 최초의 원자로입니다.

실제 상업용 원자력발전소의 시작은 미국 해군의 하이만 릭코버Hyman G. Rickover 제독이 만든 최초의 원자력 잠수함 노틸러스호USS Nautilus, SSN-571 의

그림 17. EBR-1 원자로 건물. [1]

그림 18.쉬핑포트 원자력발전소.　　　　　　　　　그림 19. 드레스덴 원자력발전소.

원자로에서 출발합니다. 하이만 릭코버는 최초의 원자력 잠수함을 건조하면서 GE^{General Electric} 사와 WH^{Westinghouse} 사를 경쟁시키지요. GE사는 페르미가 생각하여 실제로 전기까지 생산한 EBR-1의 성공에서 아이디어를 얻어 액체금속에 의해 냉각되는 원자로를 원자력 잠수함에 탑재하기를 희망했지요. 반면 WH사는 바다 밑이라는 특수한 환경과 잠수함이라는 닫힌 공간에서 가장 안전한 물질을 사용하기로 결정합니다. 이에 따라 물을 냉각재로 이용하는 원자로를 독자적으로 개발합니다. 결과적으로 하이만 릭코버는 물을 냉각재로 하는 가압경수로를 개발한 WH사의 손을 들어주게 됩니다. 이에 따라 WH사의 원자로가 잠수함과 항공모함 같은 대형 함정의 추진기관으로 사용되게 되지요. 그 결과 WH사의 가압경수로가 원자력잠수함 노틸러스호에 탑재되고, 노틸러스호의 성공으로 인해서 쉬핑포트^{Shippingport}에 최초의 상업용 원자력발전소를 건설하게 되고요. 이 원전은 1957년에 60MW의 전기를 주변 지역에 공급합니다. 그후 WH사는 자사의 가압경수로 모델을 세계 각국의 발전회사들로부터 수주 받아서 건설하게 되고요.

원자력발전의 진전 및 현황

GE사는 상업용 발전소 시장에서 WH와 조금 다른 방식을 택합니다. GE사는 WH사가 택한 압력이 다른 1차측 및 2차측의 두 개 수냉식 냉각 계통을 가지는 구조를 더욱 더 단순하게 만드는 것으로 원전을 설계한 것이지요. 1차측에서 직접 증기를 발생하게 하는 것이죠. 원자로에서 직접 물을 끓여서 증기를 만드는 비등경수로를 개발한 것입니다. 후쿠시마 원전도 같은 원전입니다. 미국은 1960년에 미국 일리노이 주에 있는 드레스덴에서 GE사 원전을 운영하게 되지요. GE사의 비등경수로도 WH사의 가압경수로 못지않게 경제성이 입증되어 세계 각국의 발전회사들로부터 주문을 받았고, 현재 가압경수로와 비등경수로의 원자력발전소가 세계 원자력발전 시장의 대부분을 차지하고 있습니다. 이와 같이 1950년대와 1960년대 초에 개발된 초기 원자력발전소들이 1세대 원자로로 구분됩니다. 이때의 개발 경험을 바탕으로 1970년대 이후의 2세대, 3세

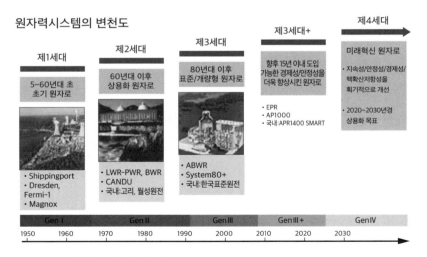

그림 20. 원자력발전소 개발 이력(출처: http://www.dt.co.kr/contents.htm?article_no=2006122202012057731001).

대, 4세대의 대형 상업용 원자력발전소의 본격적인 개발과 건설이 시작되고요.[9]

　1950년대에서부터 1960년대 사이에 지은 초기 형태의 원자력발전소가 경제성을 보이자 미국을 필두로 세계 각국의 발전회사들이 원자력발전소를 건설했습니다. 원자력발전소의 종류는 다양합니다. 중성자 속도를 감속시키는 물질로 물, 흑연 그리고 중수重水, Heavy Water 등을 사용할 수 있으며, 원자로에서 나온 열을 식히는 냉각재도 물, 이산화탄소나 헬륨과 같은 기체, 액체금속 등 다양한 방식이 가능하기 때문입니다.

　이 중에서 상업적으로 성공을 거둔 방식은 앞에서 언급한 WH사의 가

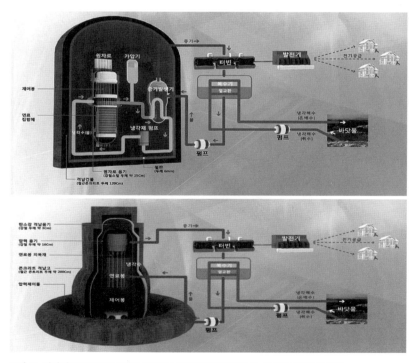

그림 21. 가압경수로(PWR)(위)와 비등경수로(BWR)(아래)(출처: 한국원자력문화재단).

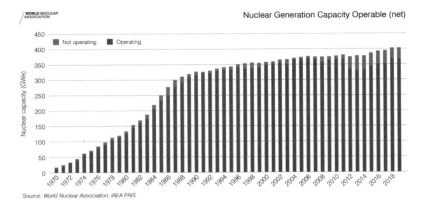

Source: World Nuclear Association, IAEA PRIS

그림 22. 세계 원자력발전 설비용량 추이(출처: WNA).

압경수로나 GE사의 비등경수로입니다. 특히 WH사의 가압경수로는 밥콕앤윌콕스Babcock & Wilcox, B&W사나 한국형원전 참조발전소인 컴버스천엔지니어링Combustion Engineering, CE사와 같은 미국계 회사, 유럽의 지멘스Siemens사와 프라마톰Framatom사, 일본의 미쓰비시Mitsubishi사 그리고 우리나라 등으로 기술이 이전되거나 약간 변형된 형태로 재탄생합니다. 이후에 유럽의 원자력발전소 건설회사는 아레바Areva라는 회사로 모두 통합되고요. 구소련에서도 독자적으로 VVER이라는 이름의 가압경수로를 개발했습니다. 이로써 전 세계적으로 2014년 말 가동중인 약 430여 기의 원자로 중 270여 기가 가압경수로이고요. GE의 비등경수로도 미국, 일본과 유럽에서 상업적으로 성공을 거뒀으며, 전 세계 원자력발전소 중 100여 기가 비등경수로입니다.[9] 그림 22와 그림 23에서 볼 수 있듯이 2011년 후쿠시마 사고 이후 세계 원전의 설비용량은 큰 변동이 없으나 발전량이 몇 년간 약간 감소했습니다. 이는 주로 일본에서의 원전 발전 중단으로 기인한 것으로 보입니다.

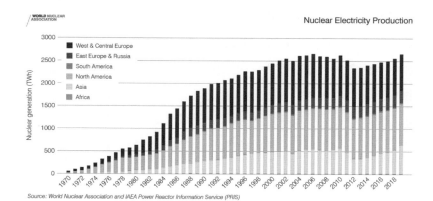

그림 23. 세계 원자력발전 발전량 추이(출처: WNA).

표 4. 세계 원전 현황(IAEA PRIS 및 WNA 2021.2).

구분	기수	설비용량 (MWe)	국가수
운전중	443 (최대: 미국 93)	393,084	30
건설중	50 (최대: 중국 18)	55,763	19
계획중	98	102,507	18
영구정지	192	87,248	21

표 5. 세계 원자력발전 현황(IAEA, 2021.12.1)

구분	현 황 요 약[IAEA, 2021.12.1]
원전 운영	○ 운전가능 상용원전: 33개국(대만 포함), 442기, 394.5GWe 　※ 미 93, 프 56, 중 52, 러 38, 일 33, 한 24, 인 23, 캐 19, 우크라이나 15, 영국 13 ○ 전 세계 전기의 약 10%(OECD 18%), 저탄소 전기의 약 1/3 공급 ○ 가동원전의 평균연령: 약 30년 　※ 설비용량 기준으로 30년 이상 67%, 40년 이상 20%, 50년 이상 1% ○ 원전 누적 가동년수: 19,162년 ○ 64기 원전은 열 공급 병행: 지역난방, 산업용 열 공급, 해수 담수화
신규 건설	○ 19개 국에서 51기(53.9GWe) 신규건설 중 　※ 중 13, 인 6, 한 4, UAE/러/터 각 3, 미/영/일/방/우크라이나/슬로바키아 각 2 등 ○ UAE와 벨라루스는 루마니아 이후 24년 만의 새로운 원전 운영국 ○ 미국은 37년, 영국은 38년 만에 신규 원전 건설 착수

원자력발전의 효용성

원자력발전에서 생산되는 전기는 경제적일까요? 2010년에 우리나라에서 생산되는 전기의 원가를 비교한 것이 그림 24입니다. 그림에서 알수 있듯이 원자력 에너지는 전기를 생산할 수 있는 우리나라의 에너지자원 중 가장 경제적입니다. 석탄과 같은 화석에너지원에 비해서도 40%정도 싸기 때문에 원자력 에너지가 가진 위험성을 알고 있으면서도 사용하고 있지요. 하지만 단순히 경제적인 이유만으로 원자력 에너지를 사용하고 있는 것은 아닙니다. 예를 들면 에너지 안보 확보 차원 등입니다. 현재 우크라이나와 전쟁 중인 러시아는 독일, 폴란드, 불가리아 등 러시아로부터 가스를 수입하는 국가들을 위협하는 무기로 에너지를 쓰고 있습니다. 이렇듯 급변하는 국제 관계로 인해 원자력으로 에너지를 생산

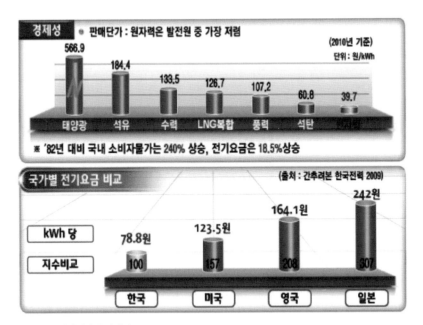

그림 24. 원자력발전의 경제성
(출처: http://www.kps.or.kr/storage/webzine_uploadfiles/1584_article.pdf).

및 확보할 수 있는 에너지 안보의 중요성이 높아지고 있습니다.

　21세기에 인류가 당면한 문제 중 가장 많이 회자되는 것이 에너지 부족 문제입니다. 하지만 과학을 제대로 공부해 본 사람이라면 익히 알 에너지 보존의 법칙을 생각한다면, 에너지 부족 문제라는 문장은 엄밀히 말해 틀렸다는 것을 알 수 있습니다. 열역학 제1법칙인 에너지 보존의 법칙에 따르면, 우리는 에너지를 새롭게 생산할 수도 없으며 또한 소멸시킬 수도 없습니다. 그런데 어째서 인간은 에너지가 부족하다고 이야기 할까요? 사실 에너지 부족 문제는 열역학 제2법칙과 더 밀접한 관련이 있습니다. 우리의 에너지는 보존되지만, 에너지가 다른 형태로 전환될 때 100% 전환될 수 없으며, 에너지 변환을 많이 할수록 우리가 사용할 수 있는 유용한 에너지의 전체적인 양은 계속 줄어듭니다. 따라서 인류가 당면한 에너지 부족 문제란, 인류에게 유용한 형태로 전환 가능한 에너지의 양이 제한되어 있기 때문에 발생하는 것입니다. 에너지의 절대량이 부족해서 발생하는 문제는 아닌 것이지요.[9]

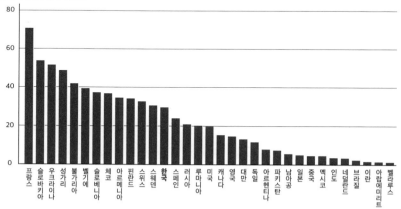

원자력 발전 점유율(%)

그림 25. 세계 원자력발전량 및 전기생산에서의 점유율(출처: IAEA). 2020년 2,553TWh(291.4GWy)의 전기 생산. 원자력발전 점유율은 프랑스가 가장 높고(70.6%), 동유럽 및 북유럽 국가들도 높다.

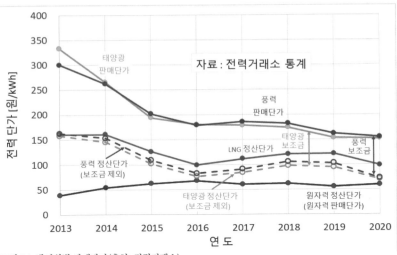

그림 26. 발전원별 판매단가(출처: 전력거래소).

인간은 유용한 에너지 소모 없이는 높은 삶의 질을 영위할 수 없습니다. 우리는 화학 에너지, 중력 에너지, 태양에너지 그리고 원자력 에너지 등을 현재 인류가 알고 있는 가장 유용한 형태인 전기 에너지로 전환하여 우리가 이용하는 기기들을 사용하고 있습니다. 따라서 에너지 부족 문제는 전기 에너지 보급 문제로 바꾸어 말할 수 있습니다. 전기 보급률이 높고 1인당 전기소비량이 많을수록 풍요로운 삶을 살고 있음을 쉽게 알 수 있고요. 전기 자동차가 본격적으로 보급되고 있는 지금의 시대에서는 특히 그러합니다.

원자력 에너지는 태양광이나 풍력과 같은 신재생 에너지와 달리 날씨나 기후 등을 비롯한 여러 외부환경 요인에 둔감한 에너지원입니다. 동시에 단위 질량 당 저장되는 유용한 에너지가 다른 재생 에너지원에 비해서 많기 때문에 안정적인 에너지원으로 사용하고 있습니다. 한편 하루 중 최고 전력사용량은 낮과 밤 그리고 기상에 따라서 변화하지요. 그러나 외부요인과 상관없이 항상 필요한 전기, 즉 기저부하[Base Load 5]라고 부르는 전기는 어떤 일이 있어도 공급돼야 합니다. 이런 전기는 가정용 제품에서부터 시작해 산업체나 병원에서 24시간 사용해야 하는 전기 등 우리가 인간다운 삶을 영위하기 위해 필요한 전력이지요. 원자력 에너지는 바로 이 기저부하를 담당하고 있습니다.

이렇게 전기는 공기나 물만큼 중요하면서 인간답게 살기 위한 전제조건으로서 기저부하에 필요한 전기의 안정적인 공급이 중요합니다. 즉 언제든지 우리가 원하는 만큼의 유용한 에너지를 비교적 싼 가격에 쓸 수 없다면 우리의 삶은 궁핍해질 것입니다. 따라서 식량안보만큼 중요한 것이 에너지안보입니다. 한 국가에서 필요한 에너지를 안정적인 공급원에 의존하지 않고 외부의 불확정적 요인에 의존한다는 것은 국가의 존립과도 직결된 중요한 일이기 때문이지요.

원자력 에너지가 가진 경제적 이유와 각국의 에너지 안보로 인해서 원자력발전소는 세계 각국에 지어졌으며, 심지어 석유와 가스가 풍부한 UAE(아랍에미리트)에도 대용량 원전 4기가 건설되었습니다. 원자력발전소에서 생산되는 전기 생산량은 전 세계 전기 생산량 중 11% 정도를 차지하고 있고요. 특히 프랑스 같은 나라는 자국 전기 생산량의 70% 이상이 원자력 에너지일 정도로 원자력 에너지의 의존도가 높습니다. 한국의 경우에도 30% 정도의 전기 생산량을 원자력 에너지에 의존하고 있고요.

---

5 기저부하는 발전할 때 시간적 또는 계절적으로 변동하는 전체 발전부하(發電負荷)중 가장 낮은 경우의 연속적인 수요발전용량을 말한다. 전력망의 전력수요는 매순간마다 변화하나, 전력수요가 최소일 때도 소비되는 부분이 있는 바, 이를 담당하는 운전모드를 기저부하운전이라고 한다. 기저부하운전에서는 장기간 일정한 전력을 생산해야 한다. 발전소의 종류에 따라 건설비가 연료비 보다 싼 경우에는 기저부하를 담당하는 것이 경제적이므로 우리나라는 통상 연료비비중이 약 20%인 원자력발전, 약 40%인 석탄발전이 기저부하를 담당한다. 태양전기, 풍력전기는 연료비 비중은 매우 낮으나, 간헐적 발전 특성으로 기저부하를 담당할 수는 없다. 기저부하와 대비되는 첨두부하는 발전할 때 시간적 또는 계절적으로 변동하는 발전부하 중 가장 높은 경우(최대 수요전력)의 연속적인 수요발전용량을 말한다. 첨두발전은 원자력이나 화력발전과는 달리 전력 공급이 부족할 때만 가동할 수 있는 발전방식을 말한다. 양수발전이나 LNG 등이 이에 속한다.

중국도 100여 기 이상의 원자력발전소 증설을 계획하고 있습니다.

또한 사우디아라비아 등 중동의 산유국들과 같이 자원이 풍부한 나라에서도 원자력발전을 신규 건설하거나 아니면 확대하려 합니다. 그 이유는 원자력 에너지가 화석에너지 자원을 대체할 수 있어 화석에너지를 전력생산이 아닌 석유화학제품의 원료 등으로서 부가가치가 좀 더 큰 산업에 투입할 수 있기 때문이지요. 또한 전 세계가 이산화탄소 배출에 의한 기후변화에 민감해짐에 따라, 이산화탄소를 배출하지 않는 에너지원에 대한 관심도 높아지게 되었습니다. 재생 에너지와 원자력 에너지는 전기를 생산하면서 이산화탄소를 거의 배출하지 않는 에너지원으로 각광을 받고 있지요.

우리나라의 원자력발전

우리나라도 원자력발전의 필요성을 6·25전쟁 이후 이미 절실히 자각하고 있었습니다. 전후 우리나라는 극도의 자원 부족과 에너지 빈곤이라는 이중고를 겪어야 했기 때문입니다. 사실 두 가지는 별개의 사항이 아니었지요. 자원이 부족하니 에너지를 생산할 수 없었고, 에너지가 없으니 자원을 만들 수 없었습니다. 그렇다면 우리는 언제부터 원자력 산업에 발을 들이게 된 걸까요? 1956년 미국의 워커 시슬러^{Walker L. Cisler} 박사가 이승만 대통령을 방문하면서 우리나라의 원자력 산업이 태동하기 시작했습니다.

워커 시슬러 박사는 1948년 북한이 남한에 대한 단전 조치를 내려 남한의 전력 사정이 어려웠을 때 전력 수급을 원활하게 할 수 있게 이미 여러 차례 도와준 미국의 사업가였습니다. 이를 고맙게 여긴 이승만 대통령은 워커 시슬러 박사가 방한하면 항상 만날 수 있게 배려하고 있었습니다. 1956년에 워커 시슬러 박사는 에너지 박스라는 것을 들고 이승만 대통령을 찾아가서 나무상자에 있는 우라늄봉에 대해서 설명하기를 "이 우라늄봉을 핵분열시키면 화차 100량의 석탄이나 대형 유조선의 석유가 모두 탈 때 나오는 양만큼의 에너지가 나온다"고 말했습니다.[6] 덧붙여 석탄이나 석유는 땅에서 캐는 에너지지만 원자력은 사람의 머리에서 캐는 에너지라 자원이 절대 부족한 우리나라에서는 사람의 머리에서 캘 수 있는 에너지를 적극적으로 개발해야 한다고 주장했지요. 이 주장에 공감했던 이승만 대통령은 우리나라에서도 지식과 기술로 에너지를 생산하는 원자력발전기술을 습득할 수 있게끔 젊은 원자력 공학도들을 적극적으로 육성하기 시작했습니다.[9]

1959년에는 대한민국 최초의 정부 출연 연구기관으로 한국원자력연구소가 설립되면서 우리나라도 본격적으로 원자력 산업을 육성하기 시작했습니다. 이후 우리나라는 세계의 흐름에 따라 원자력발전소 건설에 노력했지요. 이에 따라 1978년에 우리나라 최초의 원자력발전소인 고리 원자력발전소 1호기가 상업운전을 시작합니다. 시슬러 박사가 이승만 대통령에게 주장한 후 20년이 지난 1978년에 고리 원자력발전소 1호기가 전력을 공급하기 시작한 것이지요. 고리 1호기는 웨스팅하우스 기술로 지어졌습니다. 비록 고리 1호기가 우리나라 기술로 지은 원자력발전소는 아니었지만, 우리나라가 원자력 시대에 진입했다는 신호탄이었죠.

우리나라 원자력 기술자립이 시작되고 있을 무렵인 1986년에 체르노빌 원자력발전소에서 폭발에 의한 방사능 누출 사고가 발생하였습니다. 이로 인하여 세계는 원자력발전을 다시 생각하기도 하였지만, 역으로 우리가 그들의 기술력을 빠르게 따라잡을 수 있는 도약의 기회이기도 했습

---

6 우라늄 1 g은 석탄 3톤, 석유 9드럼과 동일한 에너지를 가지고 있다.

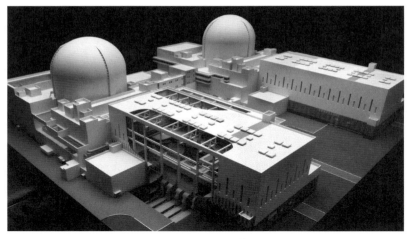

그림 27. APR-1400 원자력발전소.[9]

니다. 저자를 포함한 우리나라 사람들은 당시 미국의 컴버스천엔지니어
링사와 함께 원자력발전소를 설계했습니다. 그리고 이를 바탕으로 한국
형 표준원전 OPR-1000을 개발하였습니다. 이후 OPR-1000을 개량한
APR-1400의 개발에 착수하여 약 10년만에 성공하게 됩니다. 2010년에
는 이를 바탕으로 아랍에미리트에 APR-1400 4기를 수출하며 20조에 가
까운 수출 성과를 이루기도 했습니다.

2021년 9월 현재 우리나라에는 설비용량 총 23,250 MW(출처: 한수원
홈페이지)의 24기의 원자력발전소가 운전 중입니다. 신한울 1, 2호기와
신고리 5, 6호기의 총 4기의 원자력발전소가 건설 중이며 신한울 3, 4호
기 등 적어도 2기의 건설이 중단된 상태입니다. 아울러 정부·한수원의
에너지 정책에 따라 고리 1호기와 월성 1호기는 영구정지 상태입니다.
우리나라의 원자력발전소에 대한 현황과 정보를 표로 정리했으니 참고
하시길 바랍니다.

그림 28. 2019년 12월 말 우리나라 원자력발전소 현황.(출처: 한국원자력안전기술원)

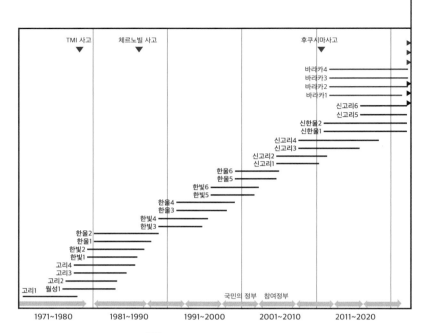

그림 29. 우리나라 원전 건설 일정.[18]

표 6. 우리나라 원전 노형과 용량 및 운영 정보.[18]

발전소명		원자로형	원자로 공급	용량 (MWe)	건설허가	운영허가	첫임계	상업운전	최초설계수명 (운전 만료일)
고리	#1	PWR	W/H	587	72.05.31	72.05.31	77.06.19	78.04.29	07.06.18 (17.6.18 영구정지)
	#2	PWR	W/H	650	78.11.18	83.08.10	83.04.09	83.07.25	23.04.08
	#3	PWR	W/H	950	79.12.24	84.09.29	85.01.01	85.09.30	24.09.28
	#4	PWR	W/H	950	79.12.24	85.08.07	85.10.26	86.04.29	25.08.06

신고리	#1	PWR (OPR1000)	두산중	1,000	05.07.01	10.05.19	10.07.15	11.02.28	50.05.18
	#2	PWR (OPR1000)	두산중	1,000	05.07.01	11.12.02	11.12.27	12.07.20	51.12.01
	#3	PWR (APR1400)	두산중	1,400	08.04.15	15.10.30	15.12.29	16.12.20	75.10.29
	#4	PWR (APR1400)	두산중	1,400	08.04.15	19.02.01	19.04.08	19.08.29	79.01.31
	#5	PWR (APR1400)	두산중	1,400	16.06.27				건설중
	#6	PWR (APR1400)	두산중	1,400	16.06.27				건설중
월성	#1	CANDU	AECL	679	78.02.15	78.02.15	82.11.21	83.04.22	12.11.20 (18.6.20 영구정지)
	#2	CANDU	AECL	700	92.08.28	96.11.02	97.01.29	97.07.01	26.11.01
	#3	CANDU	AECL	700	94.02.26	97.12.30	98.02.19	98.07.01	27.12.29
	#4	CANDU	AECL	700	94.02.26	99.02.08	99.04.10	99.10.01	29.02.07
신월성	#1	PWR (OPR1000)	두산중	1,000	07.06.04	11.12.02	12.01.06	12.07.31	51.12.01
	#2	PWR (OPR1000)	두산중	1,000	07.06.04	14.11.14	15.02.08	15.07.24	54.11.13
한빛	#1	PWR	W/H	950	81.12.17	85.12.23	86.01.31	86.08.25	25.12.22
	#2	PWR	W/H	950	81.12.17	86.09.12	86.10.15	87.06.10	26.09.11
	#3	PWR (OPR1000)	두산중	1,000	89.12.21	94.09.09	94.10.13	95.03.31	34.09.08
	#4	PWR (OPR1000)	두산중	1,000	89.12.21	95.06.02	95.07.07	96.01.01	35.06.01
	#5	PWR (OPR1000)	두산중	1,000	97.06.14	01.10.24	01.11.24	02.05.21	41.10.23
	#6	PWR (OPR1000)	두산중	1,000	97.06.14	02.07.31	02.09.01	02.12.24	42.07.30

한울	#1	PWR	프라마톰	950	83.01.25	87.12.23	88.02.25	88.09.10	27.12.22
	#2	PWR	프라마톰	950	83.01.25	88.12.29	89.02.25	89.09.30	28.12.28
	#3	PWR (OPR1000)	두산중	1,000	93.07.16	97.11.08	97.12.21	98.08.11	37.11.07
	#4	PWR (OPR1000)	두산중	1,000	93.07.16	98.10.29	98.12.14	99.12.31	38.10.28
	#5	PWR (OPR1000)	두산중	1,000	99.05.17	03.10.20	03.11.28	04.07.29	43.10.19
	#6	PWR (OPR1000)	두산중	1,000	99.05.17	04.11.12	04.12.16	05.04.22	44.11.11
신한울	#1	PWR (APR1400)	두산중	1,400	11.12.2	21.7.9	22.5.22		
	#2	PWR (APR1400)	두산중	1,400	11.12.2				
	#3	PWR (APR1400)	두산중	1,400					
	#4	PWR (APR1400)	두산중	1,400					

원자력의 위험성, 진솔한 이야기

원자력발전의 위험성 - 주요 원전 사고를 중심으로

2011년 3월, 일본에서 큰 재난이 들이닥쳤습니다. 거대한 쓰나미가 세상을 휩쓸었고 후쿠시마 원전에도 예외가 아니었습니다. 재난 영화에서나 보던 광경에 경악을 금하지 못하는 시간이기도 했지만, 후쿠시마 원전 사고로 우리나라에 미칠 악영향은 없는지, 우리 원전에는 큰 문제가 없는지가 걱정됐습니다. '앞으로 원전에 대한 사람들의 시각이 달라지겠구나'하는 생각도 들었습니다. 이후 우리나라에서도 원전 안전 문제에 대한 논의가 활발하게 이루어지게 되었고, 그런 시민들의 우려가 에너지 정책에도 일부 반영되기 시작했습니다.

후쿠시마 원전 사고 이후에는 '위험하지 않냐'는 호기심과 걱정을 담은 솔직한 질문을 종종 받게 되었습니다. 원자력발전소가 우리에게 제공하는 유용성은 체감하기 어렵고 정작 뉴스에서 국내 원전에서 큰 사고가 벌어졌다는 소식은 듣지 못하지만, 먼 나라도 아닌 바로 이웃나라에서 벌어진 끔찍한 사고를 두 눈 똑똑히 보았으니 그런 걱정과 우려들이 이해가 갑니다. 그래서 주요 원전 사고들을 살펴보며 그 교훈을 되새겨 보고자 합니다.

　원자력 에너지를 평화적으로 활용해 발전을 하는 기술은 하이만 릭코버Hyman G. Rickover가 쉬핑포트Shippingport에서 원자력발전을 성공적으로 시범을 보인 이후 빠른 속도로 전 세계에 퍼졌습니다. 미국을 필두로 2021년 말에 33개국이 442기의 원자력발전소를 운영하고 있고요, 56개국에 240기의 연구용 원자로가 건설되었습니다. 그리고 약 180여 기의 원자로가 원자력잠수함인 150척의 함정에 탑재되어 전 세계 해양을 누비고 있고요. 아울러 19개국에서 51기의 새로운 원자로가 전 세계에서 건설되고 있지요. 이렇게 발전을 이룬 원자력발전기술도 세 번의 대형사고로 인해서 정체기를 맞이하게 되었습니다.

　가장 유명하고 널리 알려진 사례인 체르노빌 원전 사고는 고유 안전성 설계 결여와 부적절한 시험이 문제였습니다. 격납건물이 없는 상태에서 원자로에 화재가 발생하여 방사성 물질이 대량으로 누출되었습니다. 사고 발생 후 모래와 콘크리트를 쏟아 부어 수습을 시도했으나 결국 심각한 방사능 피해가 발생했고요. 설계시 당연히 고려해야 할 규모의 쓰나미를 무시하여 촉발된 것은 후쿠시마 원전 사고입니다. 후쿠시마 원전은 원자로 외부건물이 두께가 얇아 내부에서 발생한 수소 폭발을 감당하지 못하고 훼손되었고요, 방사성 물질이 대기와 바다로 대량 유출되어 큰 피해를 일으켰습니다. 반면 TMI-2 원전 사고는 기기 고장 후 계측 미흡 등으로 냉각수 공급이 중단되면서 내부에서 원자로 노심이 녹아내려 원자로가 훼손되었습니다. 그러나 두께 1미터에 달하는 격납건물은 훼손되지 않아 대부분의 방사성 물질이 외부환경으로 누출되지 않았습니다. 조금 더 자세히 알아보도록 하겠습니다.

TMI-2 사고

첫 번째 대형 원전 사고는 1979년 3월 28일 미국에서 일어난 TMI-2 사고입니다. TMI-2 원자로는 밥콕앤윌콕스사B&W사가 건설한 가압경수로 입니다. 처음에는 단순한 기기 고장으로 시작했지만, 원자력발전소의 주 제어실이 운전원에게 친숙하게 설계되지 않은 점과 운전원의 사고 대응 미숙으로 인해 원자로의 노심이 녹는 사고로 진행하게 됩니다.[7] 이 사고 로 약 140톤의 노심 중 거의 20톤이 용융되어 원자로 하부로 낙하되었 지만 대부분의 방사성 물질이 격납 건물 내에 격리되어 외부로 유출되지 는 않았습니다. 그러나 원자력발전소의 안전 문제가 사회적으로 얼마나 큰 파장을 유발할 수 있는지에 대해서 경종을 울린 사고였습니다.

사고의 피해를 우려한 미국 펜실베이니아 주 정부는 발전소 주변의 임산부와 어린이들을 대피시켰습니다. 그러자 두려움에 빠진 주민 약 14 만명이 거주지에서 빠져나갔습니다. 그러나 조사보고서에 따르면 1m 두 께의 격납 용기 덕분에 사고기간 중 발전소 부근에서 받은 공중의 피폭 선량은 약 0.08mSv으로써 반경 16km 이내 주민들의 방사능 노출 수준 은 X선으로 흉부 촬영을 1번 한 정도로 큰 피해는 발생하지 않습니다. 국제원자력사건등급INES 체계에 의한 등급 5(시설 바깥으로 위험을 수반한 사고)으로 분류되었습니다.

미국은 이후 30년간 새로운 원자력발전소를 건설하지 않았습니다. 하 지만 2012년에는 보글Vogtle 부지에 새로운 원자력발전소가 건설되기 시

---

7 원자로 냉각장치의 펌프 고장으로 발생한 미국의 드리마일 섬 원전 사고는 원자로의 압력과 온도가 올라 가게 되면 압력 조절밸브가 자동으로 열리도록 설계되었는데 압력이 다시 떨어지면서 밸브가 자동으로 닫혀야 함에도 불구하고 밸브가 닫히지 않아 사고로 이어졌다. 주제어실에서는 이러한 사실을 알지 못하 고 2시간 동안 밸브가 열린 상태로 운전을 계속하여 냉각수가 누출되었고 설상가상으로 비상노심냉각수 를 인위적으로 차단하여 원자로의 온도가 급격히 상승해 핵연료가 녹아내리리는 멜트다운 현상으로 원자 로 바닥에 고착되었다. 다행히 원자로 용기는 누설되지 않았지만 환경으로 방사성물질 일부가 누출되었 다. 원자로의 핵연료가 녹아내리는 사고는 중대사고로 간주되지만 인명 피해는 발생하지 않았다.

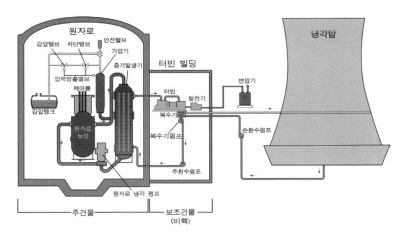

그림 30. TMI-2 발전소 주요기기 배치도. 증기발생기가 원자로보다 비슷한 높이에 설치되어 사고시 자연대류에 의한 원자로 냉각이 힘들다.

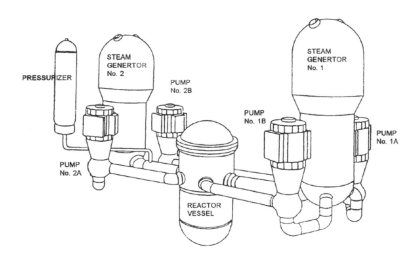

그림 31. 한국형 원전 1차측 주요기기 모습. 증기발생기가 원자로보다 높은 높이에 설치되어 사고시 자연대류에 의한 원자로 냉각이 가능하다.

작되었습니다. 당시 사고로 인해 원자력발전소를 설계, 건설 및 운영하는 기술은 전 세계적으로 더 발전하는 계기가 되어, 더 안전한 3세대 원자로를 개발하는 기술적 배경이 되었습니다.

TMI-2 원전은 우리나라에 설치되어 가동 중인 원전들과 같은 가압경수형 원전이기는 하지만 앞쪽의 그림 30처럼 원자로와 증기발생기가 동일한 높이에 설치되어 있습니다. 이 원전은 원자로와 증기발생기가 동일한 높이에 설치되어 사고시 원자로 냉각을 위한 자연대류가 어렵습니다. 반면, 우리나라에 설치되어 가동 중인 원전들은 모두 가압경수형이나 가압중수형 원전으로, 그림 31처럼 증기발생기가 원자로보다 높은 높이에 설치되어 사고시 자연대류에 의한 원자로 냉각이 가능합니다. 따라서 우리나라에 가동 중인 원전에 TMI-2와 유사한 사고가 발생해도 원자로의 노심이 녹는 사고로 이어지기는 어려울 것으로 판단됩니다.

그림 32. TMI-2 발전소 전경과 TMI-2 사고 후 원자로의 상태.

체르노빌 원전 사고

두 번째 대형 원전 사고는 소련의 체르노빌(현재는 우크라이나에 속함)에서 발생한 사고입니다. 1986년 4월 26일 오전 1시 23분, 원자로 4호기에서 발생한 사고로 원자로가 정지된 이후 터빈의 추력만으로 어느 정도의 전기 생산이 가능한지 실험하던 중 사고가 발생하였습니다. 당시 비상노심 냉각장치를 인위적으로 끄고 시험을 진행하여 사고가 더욱 확대되었습니다. 이 사고는 인류 최악의 원자력사고로 기록되어 있으며 그 영향 또한 최악이라 할 만한 사고였죠.

체르노빌 원자력발전소는 서방의 원자력발전소와 설계 개념이 달랐습니다. 소련의 1세대 원자력발전소인 오브닌스크 원자력발전소에서부터 도입된 흑연감속비등경수형(RBMK형) 원자력발전소이고요. 서방의 원자로와 비교하여 체르노빌 원자로의 가장 큰 취약점은 방사성 물질의 확산을 저지하기 위해서 가장 중요한 격납건물이 설치되지 않은 점입니다. 또한 원자력발전소 설계에서 중요한 고유 안전성을 가지지 않은 발전소였습니다. 소련은 이 원자력발전소로 시험 절차를 무시하고 부당하게 시험을 진행했으며, 결국 이 과정에서 역사상 최대 대형 원자로 사고가 발생했습니다. 원자로의 출력이 폭주하여 급격하게 물이 증기로 바뀌고, 다량의 증기로 압력이 높아져 폭발했던 것이지요.

당시 체르노빌 원자력발전소에서 사용한 RBMK형 원자로 안의 감속재인 흑연에 불이 붙어 화재가 발생했는데, 방사성 물질을 다량 함유한 재가 서유럽까지 확산되었습니다. 원자로가 위치해 있던 콘크리트 건물은 천장이 날아가고 외벽은 붕괴된 후 화염에 휩싸였으며 원자로 내에 있던 방사성 물질은 폭발, 바람을 타고 유럽을 비롯한 전 세계에 퍼졌습니다. 헬기 100여대가 동원되어 붕소, 납, 진흙, 모래, 콘크리트 등을 살포하여 9일 만에 사고 진압에 성공하게 됩니다.

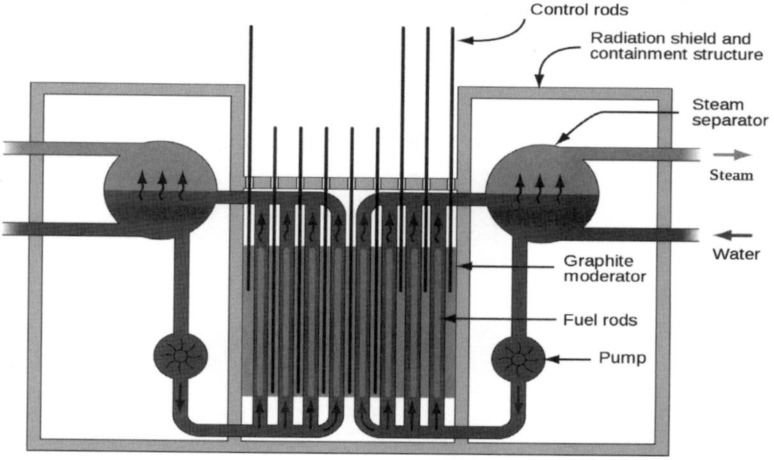
Control rods
Radiation shield and containment structure
Steam separator
Steam
Water
Graphite moderator
Fuel rods
Pump

그림 33. 체르노빌 원전 1차측 주요기기 모습.

그림 33에서 보여 주듯이 체르노빌 원자력발전소는 우리나라에 설치되어 가동 중인 가압경수형이나 가압중수형 원전들과 다르게 1차측을 감싸는 두껍고 튼튼한 격납건물(그림 34 참조)이 설치되어 있지 않습니다. 아울러 우리나라에 설치되어 가동 중인 원전들은 원자로 안의 감속재로 흑연이 아닌 물을 사용합니다. 따라서 우리나라에 가동 중인 원전에 체르노빌 원자력발전소와 유사한 사고가 발생하기 힘들 것입니다. 설령 유사한 사고가 발생하더라도 두껍고 튼튼한 격납건물로 인하여 대규모의 방사성 물질을 대기 중으로 방출되는 상황으로 이어지진 않을 것입니다.

사고가 일어난 시점에 4호기에서 근무하고 있던 직원들 중 증기수분리기에서 근무하던 순환펌프 기사는 폭발로 인해 즉사하였습니다. 다른 곳에서 일하던 자동제어시스템 기술자는 전신 화상을 입고 의식을 잃은 채 병원으로 후송되어 사고 당일 사망하고요. 이외에도 발전소 직원 중

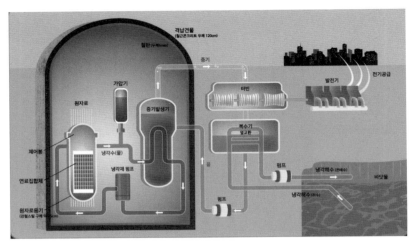

그림 34. 가압경수형 원전 주요기기 배치도.

물리학자 이반 오를로프를 포함한 3명이 폭발과 그로 인한 과다한 방사선 노출로 사망하였습니다. 이 실험의 총책임자인 아나톨리 댜틀로프 역시 피폭당해 이 사건이 발생한 지 9년 후인 1995년 숨을 거두게 됩니다. 또한 화재 진압과 초기 대응 과정에서 발전소 직원과 소방대원 등을 포함하여 약 1,100명의 인원이 투입되었는데요, 이들 중 237명이 급성 방사능 피폭 증상을 보였습니다. 최종 진단 결과 134명이 급성 방사능 피폭으로 확진되었고 이들 중 28명이 사고 후 수개월 이내에 사망하였습니다. 여기에는 사고 직후 최초에 투입된 14명의 소방관도 포함됩니다. 이후에 발생한 사망자를 포함하여, 2006년 우크라이나 정부의 집계로는 총 56명이 초기 대응 과정의 방사능 피폭으로 사망하였습니다.[1] 2008년 발간된 국제연합 방사선 영향에 관한 과학위원회UNSCEAR 의 보고서UNSCEAR 2008 REPORT Vol. II, SOURCES AND EFFECTS OF IONIZING RADIATION 에 조사된 피해 내용은 다음과 같습니다.

-134명의 발전소 직원과 긴급 작업원들이 급성방사선증후군을 보일 정도의 높은 방사능에 노출되었으며 많은 사람들이 베타선에 의한 피부 손상을 입음.

-이 중 28명은 방사능 피폭이 원인이 되어 사망.

-급성 방사선증후군 생존자 중 2006년까지 19명이 사망(사망 원인은 다양했고 방사선 피폭과 직접적인 관련이 없었음).

-급성방사선증후군 생존자의 주된 증상은 피부 손상과 방사선으로 인한 백내장.

- 인근 지역에서 생산된 우유가 아이오딘(I)-131에 오염되었으나 이에 대한 즉각적인 조치가 취해지지 않음. 이로 인해 많은 사람들이 갑상선에 많은 피폭을 받게 되었고 사고 당시 아동이나 청소년이었던 사람들 중 2008년 현재까지 갑상선암이 6,000건 이상 발생, 2005년까지 15명이 이로 인해 사망.

체르노빌에서 발생한 사고와 관련하여 UNSCEAR 보고서는 비록 방사성 아이오딘에 노출된 어린이들과 청소년들, 높은 선량의 방사선 피폭을 받은 긴급 또는 복구 작업자들은 방사선 피폭에 의한 위험이 증가하였지만, 대부분의 근로자들과 일반 대중들은 낮은 수준의 방사선에 노출되었거나, 연간 선량 한도의 몇 배 정도의 방사선에 노출된 수준에 그치고 있기 때문에 인구의 절대 다수는 체르노빌 원전 사고로 인한 심각한 건강 문제를 두려워 하면서 살아갈 필요는 없다고 결론을 내렸습니다.

이와 관련하여 체르노빌 사고 이후 많은 환자들이 방사능 피폭에 대해 극도의 불안을 나타냈습니다. 치명적인 알코올 중독의 증가와 함께 방사선 공포증을 포함한 정신적, 신체적 문제도 야기했습니다. 피난민의 기대 수명 단축은 암이 아니라 우울증, 알코올 중독 및 자살 때문이었습

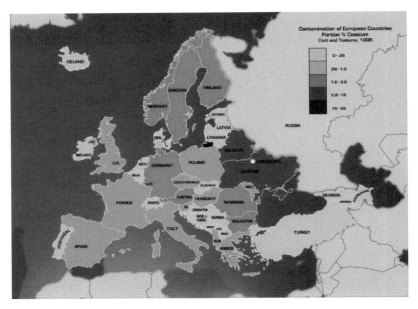

그림 35. 체르노빌 사고에 의해서 유럽에 퍼진 방사성 물질
(출처: http://maptd.com/the-chernobyl-disaster-mapped).

니다. 이주가 쉽지 않았고 동반한 스트레스가 크기 때문이지요. 스트레스는 잘못된 식단 선택, 운동 부족, 수면 부족과 같은 행동 변화를 포함한 신체적 질병으로 종종 나타났습니다.[1] 원전 사고로부터 직접적인 영향을 받은 피해는 아니지만 사람들의 공포심에 대한 특성상 이런 정신적 피해 자체가 존재할 수밖에 없는 것이 현실입니다. 이는 방사선 관련 사고들도 마찬가지입니다.

체르노빌 원전 사고는 국제원자력사건등급INES 체계에 의한 등급 7(심각한 사고)로 분류되었으며, 소련이 붕괴되고 나서야 사고의 참상이 속속들이 알려지게 되었습니다. 여러 유럽 국가에서 반핵 운동을 일으키는 계기가 되었습니다.

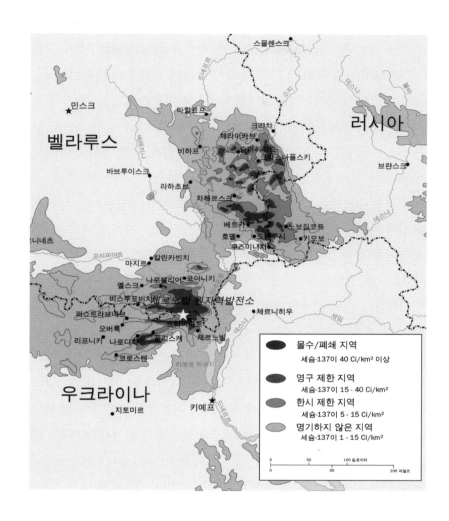

그림 36. 체르노빌 사고 방사성 물질 오염 지역(1996년 상황).[1]

후쿠시마 사고

세 번째 대형 원전 사고는 2011년 3월 11일에 일어난 이웃나라 일본의 후쿠시마 원전 사고입니다. 도호쿠 지방 태평양 앞바다 지진과 그로인한 쓰나미로 인해 3월 12일에 후쿠시마 제1원자력발전소의 냉각 시스템이 고장 나기 시작하면서 발생했습니다. 지진으로 송전탑 1기가 붕괴되어, 후쿠시마 제1원전은 전력을 상실하게 되었고 발전소의 설비도 지진으로 손상되었습니다. 외부 전원이 손실로 인해, 비상 전원 (디젤발전기) 공급이 시작되었으나, 큰 해일이 지진 41분 후인, 오후 3시 27분 덮쳤고 이후 수차례에 걸쳐 원전을 덮쳤습니다. 지진 해일은 낮은 방파제를 넘어 시설을 크게 파괴하고 지하실도 침수되었죠. 지하에 있던 2, 4호기의 비상 전원은 수몰, 보조 냉각 시스템 해수 펌프와 연료 탱크도 유실되었습니다. 따라서 원자로는 모든 전원을 잃고(전체 정전), 비상 노심 냉각 장치(ECCS) 및 냉각수 순환 시스템을 움직일 수 없게 되었죠. 게다가 냉각 해수 계통 펌프는 그릇된 상태로 설치되어 있었기 때문에 해일로 손상됩니다(최종 방열판 상실). 핵연료는 원자로 정지 후에도 오랜 시간 동안 열을 발생하기 때문에 장시간 냉각이 되지 않을 경우 과열을 일으켜 사고로 연결됩니다. 후쿠시마 제1원전(1~4호기)은 해발 35m의 구릉을 표고 10m까지 깎아 건설한 뒤, 비상 전원을 지하에 설치했습니다. 도쿄 전력의 발표에 따르면 지진으로 해일은 높이 14~15m 정도로 들이닥쳤다. 원전 사고로 인해 대기, 토양, 고인 물, 바다, 지하수에 방사성물질이 누출되었다고 합니다.

정리하자면, 일본 정부가 예상하지 못한(일본 정부의 표현으로는 '상정하지 못한') 대형 지진에 의한 쓰나미(지진해일)로 인해 원전의 냉각기기들에 전력을 공급하는 장치가 피해를 입어 작동하지 못했던 것이 원인이었습니다. 이로 인해서 1, 2, 3호기 모두의 원자로 내부가 크게 손상을 입

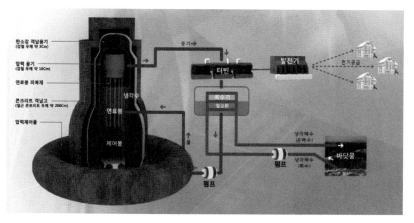

그림 37. 비등경수형 원전 주요기기 배치도(출처: 한국원자력문화재단).

었습니다. 원자로 내부 손상이 발생하면 핵연료봉의 피복재와 같은 금속에 높은 온도가 발생하는데요, 이때 고온의 금속이 물과 반응해 발생한 수소가 원자로 외부 건물로 방출되어 폭발한 것이지요. 후쿠시마 원전 주변으로 다량의 방사성 물질이 누출되어 환경을 오염시켰고요, 많은 이재민이 발생했습니다. 후쿠시마 1, 2, 3호기 모두의 노심이 용융되어 원자로용기 하부를 파손한 후 격납용기로 낙하하였습니다. 이에 따라 동일한 원인인 쓰나미에 의한 다수기 안전성 문제가 부각되었습니다. 체르노빌 원자력발전소 사고와 함께 국제 원자력 사고 등급(INES)의 최고 단계인 7단계, 즉 심각한 사고Major Accident를 기록하였고요. 현재도 계속적으로 원자로에서 방사능 물질이 누출되고 있고요, 빗물과 원자로 밑을 흐르는 지하수에 의해 방사능에 오염된 방사능 오염수가 계속적으로 누출되고 있습니다. 누출된 방사능 물질로 인해 후쿠시마 제1원자력발전소 인근 지대의 방사능 오염이 심각한 상황입니다.

그림 37에서 보여 주듯이 후쿠시마 원자력발전소는 1차측을 감싸는

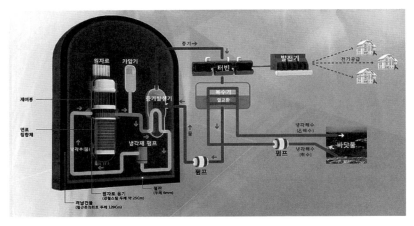

그림 38. 가압경수형 원전 주요기기 배치도(출처: 한국원자력문화재단).

격납용기가 우리나라에 설치되어 가동 중인 가압경수형이나 가압중수형 원전들의 격납건물(그림38 참조)과 다르게 크기가 작습니다. 아울러 일본과 달리 우리나라에 설치되어 가동 중인 원전들의 주요 위치에는 대규모 쓰나미가 오기 어렵다고 합니다. 따라서 우리나라에 가동 중인 원전에는 후쿠시마 원자력발전소와 유사한 사고가 발생하기 힘들고 발생해도 크고 튼튼한 격납건물로 인하여 대규모의 방사성 물질을 대기 중으로 방출하기 어렵다고 판단되네요.

참고로 2011년 당시에는 세계적으로도 원자력 산업의 르네상스가 오고 있던 시점이었는데 이 사고로 원자력 에너지의 안전에 대한 우려가 다시 부각됐습니다. 또한 탈원전 운동에 동력을 부여하여 다수의 국가에서는 원자력 에너지 정책을 재고하기 시작했습니다.

사고 직후 방사선 노출로 인한 사망은 없었지만 인근 주민들의 대피 과정에서 많은 사망이 있었습니다(약 1,600명이 이러한 비방사선 관련 사망). 참고로 지진과 쓰나미로는 약 18,500명이 사망했고요. 또한 재난 및

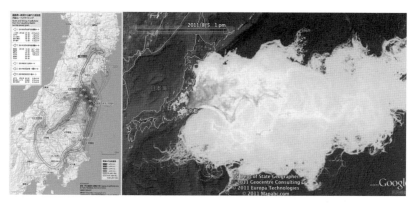

그림 39. 후쿠시마 원전 사고 당시 기류방향(왼쪽)과 해양오염 모습 예측도(오른쪽).

피난 경험으로 인해 피난민의 심리적 고통 비율이 일본 평균에 비해 5배 가량 증가했습니다. 사고 후 지역에서의 소아 비만 증가는 아이들을 외부 놀이 대신에 실내에 머물 것을 권고한 것에 기인하였습니다. 2013년 세계보건기구(WHO)는 대피한 지역 주민들이 적은 양의 방사선에 노출되었으며 방사선으로 인한 건강 영향이 낮을 것이라고 밝혔습니다. 가장 큰 단일 증가는 갑상선암에 대한 것이지만, 전체적으로 모든 유형의 암 발병 위험이 유아와 여성의 경우 평생 동안 약 1% 더 높을 것으로 예측되며, 유아 남성의 경우 위험이 이보다 약간 낮다고 예측되었습니다.[1]

후쿠시마 원전 사고로 인한 대기, 토양, 고인 물, 바다, 지하수에 방사성물질이 누출과 관련된 것을 좀 더 살펴보겠습니다. 이러한 오염은 일본 국외에 퍼지면서 일본 경제에 큰 영향을 주었지요. 대기에 방출되었을 방사성물질의 양은 37경 베크렐 (0.37페타베크렐) 이상으로 추산되고, 2011년 4월 12일, INES 사고등급 평가상 잠정 7등급으로 평가되었습니다. 또한, 도쿄 전력 자료에 근거하면 2호기에서 누출되는 고농도 오염수에 포함된 방사성물질의 양은 2011년 4월 19일 당시 330경 베크렐이라고 했고요. 누출된 방사성물질이 해양과 지하수에 더 이상 퍼지지 않게 하고 정화하는 것이 또 하나의 과제입니다. 후쿠시마 원전 사고는 아직도 현재 진행형이지요.

주민 소개조치에 의해 후쿠시마 현민 201,831명에 대해 오염 선별검사가 이루어 졌습니다. 이 중 원전 사고 직후 설정한 표면오염도가 100,000cpm 이상으로 측정된 경우는 102명으로 0.05% 수준이었고요. 적절한 옥내대피가 이루어졌기 때문으로 분석됩니다.

일본에서는 비상상황시 작업종사자의 선량한도를 최대 100mSv로 규정하고 있었으나, 사고 수습을 위해 2011년 3월 14일에 250mSv로 상향 조정하였습니다. 2011년 3월종사자에 대한 1차 평가결과, 6명이 외부 및 내부 피폭에 의해 250mSv 초과자가 발생하였으나 급성방사선증후군이 유발된 경우는 보고되지 않았습니다. 2012년 1월부터는 선량한도를 연간 50mSv로 다시 낮추었고요. 2011년 12월 발표된 선행조사 결과에 의하면, 사고 후 4개월에 대해 추정할 수 있는 최대 외부 피폭선량은 23mSv였으며, 99% 이상이 10mSv 이하, 58%가 1mSv 이하로 나타났습니다. 후쿠시마 원전 사고에 대한 자세한 내용은 다음의 표들을 참고하시기 바랍니다.

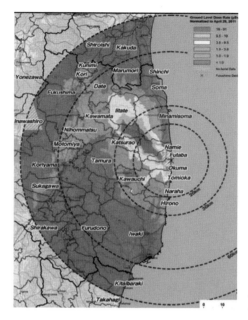

그림 40. 후쿠시마 원전 사고 직후 주변
지역에 퍼진 방사성 물질(출처: IAEA).

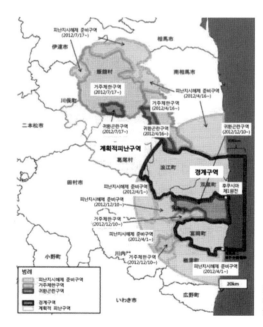

그림 41. 후쿠시마 원전 주변에 설
정된 피난구역 설정 상황(2012년
말).[8]

표 7-1. 후쿠시마 원전 사고 일지 및 소개(대피) 시기. [8]

일자	시각	내용
2011년 3월 11일	21시 23분	1원전 1호기 3km 반경 거주자 소개
2011년 3월 12일	05시 44분	1원전 1호기 10km 반경 거주자 소개
	15시 36분	1원전 1호기 수소 폭발
	17시 39분	2원전 10km 반경 거주자 소개
	18시 25분	1원전 20km 반경 거주자 소개
2011년 3월 13일		20km 반경내 병원 및 시설에 약 700명 환자 미대피 상태
	00시 47분	20km 반경내 병원 및 시설내 환자 소개령 발동
	11시 01분	1원전 3호기 수소 폭발
2011년 3월 15일		1원전 20~30km 옥내 거주(indoor stay) 상태
	06시 00분	2, 4호기 폭발 (오전 0.09에서 오후 24.08마이크로시버트/시간으로 상승)
	11시 00분	1원전 20~30km 범위 옥내 대피령
	15시 00분	1원전 20km 지역내 모든 거주자 대피 완료
2011년 3월 25일		일 관방장관 1원전 20~30km 자발적 대피구역 권고

표 7-2. 한국원자력학회 후쿠시마위원회가 도출한 사고의 교훈. [20]

분 야	교 훈
안전 철학 및 확보체계 강화	1) 원전 안전을 위한 심층방어 전략을 보완하고 강화시켜야 한다. 2) 원전 안전 목표에 인명손실 측면과 사회적 위기 측면이 함께 고려되어야 한다. 3) 방사선안전기준, 비상대피기준 등의 정비와 국제적 조화가 필요하다. 4) 규제기관의 독립성과 전문성이 매우 중요하다. 5) 안전에 대한 운영기관의 책임이 더 강조되고 관련 인프라가 강화되어야 한다.
중대사고 예방을 위한 설계 안전성 강화	1) 자연 재해에 대한 설계기준을 재검토하고 대응능력을 향상시켜야 한다. 2) 전원공급계통의 다양성과 신뢰성을 강화해야 한다. 3) 피동 안전성 강화를 통해 붕괴열 제거의 신뢰성을 계속 향상시켜야 한다. 4) 원전 설계 및 운영에서 리스크 정보를 더욱 적극적으로 활용해야 한다. 5) 사용후연료저장조의 안전특성을 재확인하고 강화할 필요가 있다.
중대사고 대처능력 강화	1) 원전의 중대사고를 가정하고 현실적인 대응능력을 갖추어야 한다. 2) 극한적 중대사고 대응까지를 포함하여 원전 절차서들이 개선되어야 한다. 3) 사고 대응에 중요한 계측기 등 원전 상태 감시설비가 보강되어야 한다. 4) 사고 대응은 최상의 매뉴얼 구비와 함께 인간의 창의성에도 의존해야 한다.
비상대응(방재) 체계 강화	1) 대형 사고에 대비한 비상대응 시스템을 강화해야 한다. 2) 비상대응시설은 사고 시의 악화된 환경을 고려하여 구축되어야 한다. 3) 신뢰성 있는 방사선 감시체계와 신속한 방사능 확산·3영향 평가가 중요하다. 4) 원자력시설 사고에 대비한 의료대응체계가 준비되어야 한다. 5) 사고 대응 종사자의 방사선 피폭선량 관리를 철저히 해야 한다. 6) 원전 사고에 대비한 소통체계가 강화되어야 한다. 7) 인접국가 원전 정보를 확보하고 사고 영향을 평가할 수 있어야 한다.
안전 기반 강화	1) 원자력 안전문화가 체질화되고 독립적으로 평가되어야 한다. 2) 원자력 안전연구가 강화되고 성과가 공유되어야 한다. 3) 방사선에 대한 이해를 증진시키기 위한 노력이 강화되어야 한다.

표 8. 후쿠시마 원전 사고 수습 참여자들의 선량 분포(1차 평가결과).[8]　　　　　단위: 명

선량(mSv)	2011년 3월			2011년 4월		
	동경전력	협력사	합계	동경전력	협력사	합계
>250	6	0	6	0	0	0
200-250	1	2	3	0	0	0
150-200	12	2	14	0	0	0
100-150	72	16	88	0	0	0
50-100	195	106	301	2	8	10
20-50	504	309	813	18	78	96
10-20	489	428	917	31	248	279
10>	354	1,042	1,396	645	2,224	2,869
최대 (mSv)	670.4	238.4	670.4	74.2	88.2	88.2
평균 (mSv)	31.7	15.7	23.1	3.0	4.5	4.2
총계(명)	1,633	1,905	3,538	696	2,558	3,254

이제 세 번의 대형 원전 사고를 정리해 보지요. 1986년 4월 구소련의 체르노빌 원자력발전소에서 발생한 화재에 의한 방사능 누출 사고는 현재까지 사상 최악의 원자로 사고로 화재 진화에 동원된 소방수 31명이 사망했고, 203명이 급성 방사선 장해로 입원하였으며, 발전소로부터 반경 30 km 이내의 주민 13만 5천명이 피난했습니다. 또한 방출된 방사성 물질은 국경을 넘어 인접한 유럽 국가들까지 퍼져 넓은 범위에 방사능 오염을 일으켰고요. 2011년 3월 일본 후쿠시마 원자력발전소에서는 강도 9.0 지진에 이어 발생한 높이 15 m 수준에 이르는 초대형 쓰나미로 인해 후쿠시마 제1원전 1, 2, 3, 4호기가 바닷물에 의해 침수되어 모든 교류전원이 단절되었습니다. 열 제거 기능과 관련된 거의 모든 설비들도 심하게 훼손되어 제 기능을 수행할 수 없었고요. 결국 제1원전 1, 2, 3호기의 핵연료가 녹아내리고 원자로 외부건물에서 수소폭발이 발생하였으며 원자로의 손상으로 많은 양의 방사성물질이 외부 환경으로 누출되어 주변 지역의 토양과 바다가 방사능에 오염되었고 많은 주민들이 대피하는 사회적 위기를 초래하였습니다. 1979년 3월 28일 미국에서 일어난 TMI-2 사고로 약 140톤의 노심 중 거의 20톤이 용융되어 원자로 하부로 낙하되었지만 대부분의 방사성 물질이 격납 건물 내에 격리되어 외부로 유출되지는 않았습니다. 그러나 원자력발전소의 안전 문제가 사회적으로 얼마나 큰 파장을 유발할 수 있는지에 대해서 경종을 울린 사고였습니다.

　세 번의 대형 원전 사고로 인해 원자력 산업과 원자력 공학에 관련된 관계자들이 새롭게 건설되거나 개발되는 원자로를 포함한 모든 원자력 발전소에서 이와 유사한 사고가 발생하지 않게 조치를 취하고 있지요. TMI-2 사고에서 원자력발전소의 주제어실 설계가 얼마나 중요한지 깨달았기 때문에 이와 관련해 대대적인 개선이 있었으며, 노심이 손상될 경우에 대한 대비를 강화하기 시작했습니다. 이런 기술적 발전이 결국 3

세대 원자로 개발로 이어졌고요. 체르노빌 사고 이후에는 원자로의 고유안전성과 격납건물의 중요성이 다시 한 번 확인되었기 때문에 이에 대한 기술개발이 진행되었습니다. 후쿠시마 원전 사고 이후에는 천재지변에도 대처할 수 있는 원자력발전소를 건설하기 위해 많은 개선을 하고 있습니다.

후쿠시마 원전 사고가 발생한 직후, 원자력발전소를 운영하는 여러 나라에서는 원전 가동의 점진적 중단이나 신규 원전 건설 취소를 결정하였지요. 일례로 독일의 경우 2022년 말까지 가동 중인 모든 원자력발전소의 가동을 중단하고 신재생에너지를 중심으로 에너지 구조를 개편한다고 발표한 바 있습니다. 하지만 후쿠시마 사고에 대한 평가가 진행되면서, 원자력발전소의 근본적인 결함이 아니라 설계시 당연히 고려해야 할 규모의 쓰나미에 대한 대비 부족이 사고의 주된 원인으로 판명되면서 대부분의 국가에서는 사고 직후와는 달리 원전 축소 정책을 변경하고 있습니다.

원자력발전소도 고품질의 기기를 사용하고 안전성을 최우선으로 설계했지만, 몇 번의 실패 사례가 있었기 때문에 더 안전한 시스템으로 개선할 수 있었습니다. 처음부터 완벽한 기계를 만드는 것은 힘들지요. 인간의 풍부한 상상력으로 어느 정도 가상의 위험에 대처할 수 있어도 현실과 자연은 인간의 상상을 뛰어넘는 시련을 내릴 때가 종종 있기 때문입니다. 체르노빌과 후쿠시마의 사례에서 보듯이 원자력발전소에서의 중대사고로 인한 경제적, 사회적, 심리적 피해 및 주위 환경에 대한 영향은 상당합니다. 이러한 피해를 예방하기 위해서는 체계적인 관리와 규제를 통해 원전 안전성을 가능한 최대 수준까지 높이는 게 중요하고요.

앞에서 설명한 세 가지의 대형 원전 사고와 함께 언급할 만한 중요한 원자로 사고는 1957년에 발생한 영국의 윈드스케일 Windscale 원자로 화재 사고입니다. 핵연료 재처리를 목적으로 가동중이던 윈드스케일 원자로 1호기에서 1957년 화재가 발생하였습니다. 이때 발생한 화재 연기에 방

표 9. 세계 원전 3대 대형사고 요약.[10]

내용	TMI-2	체르노빌	후쿠시마
사고 발생일	1979.3.28	1986.4.26	2011.3.11
원자로 형식	가압경수로(PWR)	흑연감속비등경수로 (RBMK)	비등경수로(BWR)
원인	증기발생기 급수상실	부적절한 시험으로 출력급증	쓰나미에 의한 장기간 냉각상실 (설계시 당연히 고려해야 할 규모의 쓰나미를 동경전력이 무시하였음.)
상세 이유	- 1차측 감압밸브 고장 - 정보 부족으로 인한 미흡한 운전원 조치	- 부당한 시험 운전	- 중대사고관리지침서 (SAMG) 부실 - 침수로 비상발전기 등 전원상실
방사선으로 인한 직접적인 인명 피해	없음	56명(*) 사망 등 (* 초기대응 방사선피폭 등)	없음 (주민대피 과정에 약 1600명 사망)
사고 직후 전경			

사성물질이 포함되어 영국의 일부 지역과 북유럽 일부로 퍼져 나갔지요.

윈드스케일 원자로는 냉각재로 물을 사용하지 않고 공기로 냉각하는 방식을 채택한 원자로이며 감속재는 흑연을 사용하여 제어하는 방식이었습니다. 1957년 10월 7일 밤 탄소 형태의 가열된 핵연료를 냉각하던 중 채 냉각이 다 되기도 전에 재가열을 시작하여 화재가 발생하였고요. 10월 10일 아침부터 방사성물질의 누출이 시작되었고 10월 11일에는 물(경수)을 퍼부어 화재 진압과 냉각에 성공하였습니다.

당시 진화 작업에 참여했던 작업자들은 당시 국제방사선방호위원회 ICRP 의 피폭 허용 기준이었던 13주당 30mSv를 초과한 작업자가 14명이 발생하였고, 다수의 작업자가 방사성 옥소에 노출되어 갑상선이 피폭 당하였습니다. 원자로 인근 주민들에 대한 영향으로는 당시 우유 중의 옥소(I-131) 허용 한계인 3,700베크렐을 초과하지는 않은 것으로 평가되었으나 10월 11일부터 13일까지 윈드스케일 원전 주변 520km²에 걸쳐 토양오염이 발생한 것으로 평가되었고요. 총 집단예탁선량당량Collective Effective Dose Equivalent Commitments 는 호흡 50%, 우유 섭취 30%로 평가되었고 피폭에 가장 많은 기여를 한 방사성물질로는 옥소(I-131) (37%), 폴로늄(Po-210) (37%), 세슘(Cs-137) (15%) 순으로 평가되었습니다.

방사선의 이용과 위험성 그리고 사고 통계

  방사선의 위험성을 알아야 하는 이유는 방사선이 우리가 생각했던 것
보다 꽤 많은 용도로 다양한 분야에서 쓰이고 있기 때문입니다. 이를 간
략하게 알아보도록 하겠습니다. 산업 분야의 방사선은 주로 비파괴검사
와 계측제어, 대단위 조사 등에 이용되고 있습니다. 계측제어는 물질의
성분분석, 무게 측정, 액면 측정, 두께 측정, 밀도 측정, 수분 측정, 각도
측정, 평량 측정, 회분 측정, 농도 측정 등에서 이용되고 대단위 조사는
식품, 농축산물, 의료기기 등에 대한 방사선 멸균, 전선이나 타이어의 가
교 형성, 반도체 이온 주입, 문화재 분석 등에 주로 이용됩니다. 기타의
용도로는 연기감지기, 야광조명, 정전기의 제거, 전구용도입선 등에 활
용되고요. 연구분야에서는 잔류농약 분석과 수질오염 분석, 유황이나 물
성 분석, 농산물의 종자개량에 이용되고 있고 의료분야에서는 병의 진단
과 치료에 이용됩니다.
  의료분야의 방사선 이용을 좀 더 살펴보겠습니다. X선이 결핵이나 골
절 등의 진단을 위해 이용하는 것은 흔히 알고 있는데 그 외에도 투시장

비, 현관촬영장치, CT 등이 X선을 이용합니다. 방사선을 이용한 장비는 방사선에 노출되어서 인체에 경미하나마 영향을 줄 수 있어서 주의해야 합니다. 진단용은 보통 우리가 생각하는 용도에 가깝습니다. X선을을 연속적으로 찍고, 영상 진단 검사 시 영상의 대조도를 높여 조직이나 혈관의 병변을 명확하게 구별해 내는데 도움을 주는 약인 조영제를 혈관에 넣어서 보는 혈관조영술Angiography를 생각할 수 있습니다. 치료용은 주로 암을 치료할 때 사용하는데 뇌에 생긴 종양을 처리할 때 쓰는 감마 나이프나 입자가속기가 해당되는데 입자가속기로는 양성자가속기(수소), 중이온가속기(중입자인 헬륨, 탄소, 산소, 우라늄 등), 전자(선형가속기, 방사광가속기)가 있습니다.

이러한 방사선 이용 장치를 사용, 운영, 유지 및 보수하는 과정에서, 방사성 물질이나 방사선 발생장치의 누출, 고장, 잘못된 사용으로 인해 의도하지 않은 인체 내부·외부 방사선피폭이 발생하여 사람의 신체와 정신적 건강에 피해를 입히는 방사선 피폭사고가 우리나라를 포함하여 세계적으로도 계속해서 발생하고 있습니다. 방사선 피폭사고는 방사선

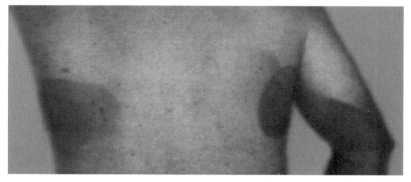

그림 42. 방사선에 의한 화상, 다수의 지속된 X선 조사 촬영으로 등과 팔에 커다란 붉은 반점들이 생겼다.[1]

선원, 환경, 사람 사이에서 발생할 수 있는 것입니다. 방사성 물질이나 방사선 발생장치 등이 분실, 도난, 화재 등으로 의도하지 않은 위치에 있거나, 의도된 위치에 있더라도 고장이나 실수 등으로 정상적인 작동이나 통제가 불가능한 경우에 발생합니다.

우리나라의 방사선사고 통계

우리나라에서 1972년 이후 2016년 12월까지 발생한 방사선 사고는 75건입니다. 그 중 유형별로는 피폭사고가 26건으로 가장 많았으며 분야별로는 비파괴검사 장비가 고장나거나 오류에 의한 사례들이 많았지요. 방사선 발생 물질 분실이나 도난사고는 각각 23건, 10건이 발생하였으며 대부분 안전관리 소홀이 원인입니다.

표 10. 우리나라의 방사선사고 사례(1972.3~2016.12).(출처: 원자력안전정보공개센터)

· 분야별 사고 건수 ·		· 유형별 사고 건수 ·	
항목	건수	항목	건수
비파괴	43	피폭	26
의료	13	분실	23
산업체	13	도난	10
		화재	5
연구	5	오염	4
		선원관리	3
교육	1	판독특이	2
		민원	2
총계	총 75건	총계	총 75건

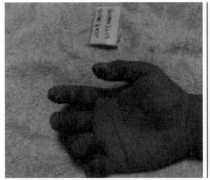

그림 43. 방사선 피폭사고 피해를 입은 L씨의 손가락.[4]

국내의 방사선사고는 주로 방사성동위원소를 이동 사용하는 비파괴
검사 작업장에서 발생하거나 의료분야에서 방사선발생장치의 품질관리
나 선량계산 오류에 기인한 과피폭이 대부분을 차지하고 있습니다.[8]

구체적인 예를 들면 2011년과 2012년에 걸쳐 울산에서 비파괴검사
중 발생한 경우로 방사선 종사자가 선량한도를 초과하여 피폭되었습니
다. 사고 원인은 (1) 개인선량계 미착용 (2) 작업절차 위반 (3) 방사선 장
해방지조치 미수행 등이고요, 결과적으로 방사선 투과검사 중의 방사선
과다 노출로 방사선 종사자가 사망하였습니다. 다른 예는 2019년 8월 수
도권의 S반도체에서 발생한 방사선 종사자 피폭사고입니다. 약 9명의 종
사자들이 피폭되었습니다. 사고를 조사하니 방사선 발생장치의 안전장

---

8 우리나라 직무사회 분야 피폭선량 분포를 보면 2013년을 정점으로 하여 매년 감소하는 추세이다. 방사
   선 비파괴검사업무에 종사하는 작업자가 가장 많은 피폭을 하고 있다. 최근(2015년) 강화된 안전관리로
   2013년 대비 약 1/2 수준으로 대폭 감소하였으나, 가장 열악한 작업환경임을 말해주고 있다. 2015년에 선
   량한도 50 mSv를 초과한 경우도 6건이나 발생한 바 있다. 2015년의 경우를 보면 전체 종사자 43,078명
   중 약 87%가 일반인 선량한도 1 mSv 이하의 피폭이다(출처: https://atomic.snu.ac.kr).

치를 해제한 채 작업하여 사고가 발생한 것으로 밝혀졌고요.[4] 규명된 9명 중 2명이 핵심 피폭자로 과다 피폭되었습니다(그림 43 참조).

전 세계의 방사선사고 통계

표 11. 세계의 주요 방사선사고 (1944~2008년).(Major Radiation Accidents Worldwide Human Experience, 1944-2008)

사고 건수		관련된 사람 수	심각한 피폭 피해자 수	사망자 수
미국	250	1,358	796	26
미국 이외 국가	182	132,453	2,286	102
총계	432	133,811	3,082	127

출처: Radiation Emergency Assistance Center / Training Site Radiation Accident Registries ORISE-EHSD-REACT/TS

전 세계적으로 보고된 방사선사고 건수와 피해자 통계는 표 11과 같습니다. 표에서 보는 바와 같이 미국에서만 250건이 발생하였지만 미국 이외의 국가에서 발생한 사고 건수는 182건에 불과합니다. 그러나 통계에 포함되지 못한 사고들이 많이 있을 수 있으며, 특히 냉전 시대에 핵무기 개발 경쟁으로 인해 소련과 동구권에서 발생한 사고 중 다수는 냉전 시대가 끝나서야 알려지거나 아직도 그 전말이 가려져 있는 경우가 많을 것입니다.[8]

해외에서도 적지 않은 방사선 사고들이 발생하고 있는 바, 예를 들면 1987년 브라질 고이아니아에 발생한 방사성 물질인 Cs-137의 오염사고입니다. 범인이 방사선 선원을 훔친 뒤 밀봉을 해체한 후, 방사선원을 먹거나 몸에 바르면서 20일간 방치되어 오염이 확산되어 약 200명이 피폭되었습니다. 다른 예는 1999년 이웃 나라인 일본 이바라키 현 도카이촌의 주식회사 JCO에서 핵연료 가공 공정 중 발생한 임계사고이지요. 작업절차를 무시한 JCO 직원들이 우라늄 용액을 과다 투입해 즉발 핵분열

DEATHS from RADIATION ACCIDENTS WORLDWIDE 1944-2012 *Recorded in REAC/TS RADIATION ACCIDENT REGISTRY					
United States				**Other**	
New Mexico	3	Algeria	2	Japan	2
Ohio	10	Argentina	1	Marshall Isl	1
Oklahoma	1	Belarus	1	Mexico	5
Pennsylvania	1	Brazil	4	Morocco	8
Rhode Island	1	Bulgaria	1	Norway	1
Texas	9	China (PR)	6	Panama	5
Wisconsin	1	Costa Rica	7	Russia	5
Total U.S.	**26**	Egypt	2	Spain	10
		El Salvador	1	Thailand	3
		Estonia	1	USSR	29
		Israel	1	UK	3
		Italy	1	Yugoslavia	1
		India	1		
				Total Non-U.S.	**102**

그림 44. 1944년부터 2012년까지 세계의 방사선사고 사망자 수
(미국 26명, 그 외 국가들 102명, 출처: 2012년 IAEA Conference 발표자료).[8]

반응을 유발하여 작업자 3명이 1.0Sv 이상 피폭되었으며 이들 중 2명이
과다 피폭으로 사망하였습니다. 사고현장에서 피폭된 3명을 포함하여
방사능 피폭자는 총 49명으로 발표되었으나, 주변 주민까지 포함하여 전
체 피폭자는 666명이었습니다.[1] 9

---

9 1999년 일본 토카이무라(東海村) 소재 JCO 핵연료 가공공장에서 발생한 임계 사고로 원래는 이산화우라
늄분말을 질산에 녹여서 잘 섞은 다음, 조금씩 침전조에 부어야 하는 작업 절차를 무시하고 이산화우라늄
분말을 그냥 침전조에 들이부어 임계가 발생하였다. 우라늄의 양이 16kg을 초과해서 임계가 시작되었으
며 인부 3명이 피폭되고 출동한 소방관 3명도 피폭되었다. 사고 발생 한 시간 후에 중앙에 보고되고 사고
발생 4시간 30분 이후 주민대피가 시작되었다. 당시 반경 500m 이내에는 100가구 이상이 거주 중이었
다. 인부 3명은 NIRS(National Institute of Radiological Science, 방사선의학총합연구소)로 후송되었
다. 이들 3명의 피폭 등가선량은 각각 18.4그레이, 10.4그레이, 2.53그레이였다. 이들 중 2명이 2~3개월 후
사망하였다. 붕산수를 침전조에 주입하고서야 사고가 수습되었고 사건 이후 해당공장은 폐쇄되었다. JCO
관련자 6명은 집행유예가 선고되고 JCO는 100만엔(1,000만원)의 벌금을 선고 받은 후 폐업되었다. 이
사고는 안전불감증이 빚어낸 사고의 전형으로 알려져 있다.

原爆と同じ東海村臨界事故

被曝したＪＣＯ労働者・篠原理人さん（40歳）の治療経過の写真
（第3回日本臨床救急医学会での公表写真）

| 篠原さん | 9月30日 | 10月10日 | 11月10日 | 12月20日 | 1月4日 |

그림 45. JCO 사고로 사망한 사노하라 마사토의 약 10Sv 피폭이전과 이후의 모습.[1]

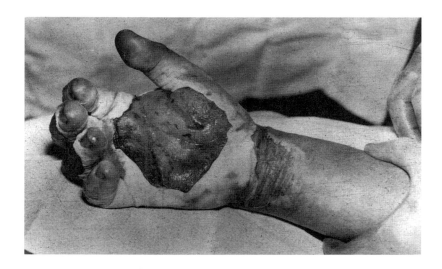

그림 46. 1945년 8월 로스앨러모스 지역에서 즉발 임계 핵분열 반응을 손으로 중단시킨 후 9일째 손의 모습. 5.1 Sv의 선량을 받았으며 사진 촬영 후 16일만에 사망함.[1]

방사성 폐기물의 위험성

원자력발전소를 가동할 때에도 각별한 주의가 필요하지만, 방사성 폐기물도 마찬가지입니다. 방사성 폐기물이 특별히 위험한 이유는 방사선의 특성상 무색무취하여 일반 폐기물로 오인되어 방사성 물질에 의한 환경이 오염되고, 내부 및 외부가 방사선에 피폭될 수 있기 때문입니다. 그러나 방사성 폐기물은 원자력안전법 등에 따라 발생부터 폐기 및 처분까지 철저하게 관리되고 규제되기 때문에 지나치게 불안하지 않아도 된다고 생각됩니다. 하지만 우리도 방사성 폐기물의 위험성에 대하여 알고 관심을 가져야 합니다.

방사성 폐기물의 발생원은 발전 분야와 비非 발전 분야로 크게 구분할 수 있습니다. 발전분야는 원자로와 핵연료주기 시설, 그리고 비 발전분야는 방사성동위원소의 활용 시설인 산업체, 병원, 학교, 연구시설 등입니다. 방사성 폐기물은 폐기물 내에 포함되어 있는 방사성핵종의 발열량과 방사능 농도에 따라 '고준위'와 '중준위', '저준위', '극저준위' 방사성 폐기물로 구분합니다. 방사성 폐기물은 원자로의 연료로 사용된 사용후핵연료를 비롯한 고준위 방사성 폐기물과 방사선 관리구역에서 작업자들이 사용했던 작업복, 장갑, 기기교체 부품 등과 병원, 연구기관, 대학, 산업체 등에서 발생하는 중저준위 방사성 폐기물인 방사성동위원소(RI) 폐기물을 말합니다.

2012년 국회 입법조사국에 의하면 동위원소를 이용하는 방사선 응용 부문의 활용은 의학, 농업, 산업, 예술 등 다양합니다. 서울대 원자력정책 센터에 따르면, 한국의 방사성동위원소 이용기관은 산업체가 4,353개 (84.4%)로 가장 많고, 교육 및 연구기관이 617개, 의료기관이 185개로 총 5,155개 기관입니다. 이와 관련된 방사성 동위원소는 비교적 소량의 선원으로, 이용되고 나면 폐기물로 폐기될 때 철저히 관리되지 않으면 방사선 피폭사고를 유발할 위험성이 있습니다. 원자로를 운영하면 방사성 폐기물이 발생합니다. 원자로 폐기물은 원전이 자체적으로 처리·처분하는 것을 원칙으로 처리시설을 갖춰 처리하고, 처리 후의 기체 및 액체는 방출하며, 이외의 폐기물은 처리 후 드럼통에 넣어 발전소의 방사성 폐기물 저장고나 한국원자력환경공단에 보관하고 있습니다. 수명을 다한 원자로의 제염해체 과정에서도 방사성 폐기물이 발생하게 됩니다.

핵연료주기는 선행과 후행으로 구분되는데[10], 선행핵연료주기는 원자로의 핵분열이 발생하기 전으로, 방사성 폐기물 안전 및 처리 관점에서 후행에 비해 용이합니다. 우리나라의 경우 선행핵연료주기 시설로 핵연료제조공장이 대전에 소재하고 있어 이 공장이 선행핵연료주기의 방사성 폐기물 발생원이지요. 우리나라의 후행핵연료 주기는 원자로의 사용후핵연료가 주요 관리의 대상이 됩니다. 원자로심에서 연소되고 방출된 사용후핵연료는 우선 인접 냉각수조에서 냉각됩니다. 소내저장 사용후핵연료는 재처리될 것으로 당초에 계획되었으나 재처리나 처분이 어려

---

10 선행핵연료주기: 채광, 정련, 변환, 농축, 재변환, 핵연료 제조.
　　후행핵연료주기: 소내 냉각/임시저장, 중간저장, 재처리(Reprocessing)/재활용(Recycling), 처분(Disposal).

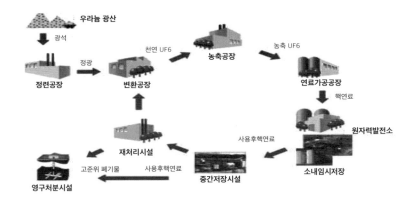

그림 47. 핵연료주기(출처: 한국원자력환경공단).

워져 중간저장 또는 추가적인 건식저장 확장으로 연계되게 되었고요.

핵연료주기 시스템, 특히 재처리와 같이 사용후핵연료를 처리하는 후행핵연료주기 인프라를 갖고 있는 몇몇 국가에서는 여기에서도 방사성 폐기물이 발생됩니다. 재처리 기술은 사용후핵연료에 포함된 우라늄과 플루토늄 등 핵물질을 분리 · 정제하여 재사용하기 위한 공정입니다. 대부분의 핵분열 생성 물질은 이 과정에서 방출되어 방사성 폐기물로 관리됩니다. 사용후핵연료 재처리 과정에서 발생하는 방사성 폐기물은 크게 고준위와 중준위, 저준위의 3가지 준위로 대분됩니다. 준위에 따라 처리 기술과 관리방법에 차이가 있습니다. 재처리에서 발생하는 방사성 폐기물은 대부분 액체 상태로 방출되므로 장기적으로 저장하거나 처분하기 위해서는 고화를 하는 것이 필요합니다. 고화 방법에는 다양한 기술이 개발되었으며 준위와 핵종에 따라 고화固化 방법이 선정되어야 합니다.

사용후핵연료봉에 존재하는 다양한 방사성핵종 이외에 안전성 관점에서 다른 중요한 특성은 핵분열생성물의 지속적인 방사성 붕괴 때문에 열적 냉각이 필요하다는 것입니다. 따라서 원자로에서 제거한 후에는 이

열을 제거해야 합니다. 사용후핵연료 냉각 저장조의 목적은 이를 위한 것인 바, 실제로는 두 가지 목적을 가지지요. 즉 사용후핵연료봉의 열을 제거하는 것과 연료봉 내의 반감기가 짧은 수백 가지의 핵분열생성물이 붕괴시 방출하는 방사선을 물로 차단함으로써 안전하게 보관하게 하는 것입니다. 사용후핵연료봉 내의 핵분열생성물의 베타 붕괴로 인한 고속의 전자 입자는 물속에서 파란 빛인 체렌코프 방사선을 내뿜습니다.

사용후핵연료에 관한 중요한 이슈에는 장기간 및 단기간의 중요한 시간 영역이 있습니다. 단기적으로는 사용후핵연료는 약 6년 이상 냉각 저장조에 보관되어 초기 방사능 대부분이 붕괴되어 소멸되게 하지요. 대부분의 원자력발전소의 경우 사용후핵연료는 가동 중에 냉각 저장조에 있고 원래 원자로 설계 기간인 40년 또는 60년 동안에 계속 저장될 것입니다. 이 기간 동안 반감기가 4년 미만인 방사성 핵종은 대부분 붕괴되지요. 실제로 대부분의 경우 10회의 반감기는 방사성동위원소가 상대적으로 안전한 수준으로 떨어지는 시간입니다. 10회 반감기 이후에 방사선은 $(1/2)^{10}$으로 원래 방사선량의 약 1천 분의 1로 감소하기 때문이지요. 참고로 일부 반핵운동가들은 방사선이 없어지는 데 약 1백만 분의 1로 감소하도록 반감기가 적어도 20회가 필요하다고 주장합니다. 우라늄 원광석에 존재하는 방사선보다 훨씬 적어지려면 사용후핵연료봉 방사능이 1백만 분의 1로의 감소가 필요하다는 것이지요.[12]

사용후핵연료 방사성핵종의 일부는 매우 긴 반감기를 가지고 있기 때문에 장기간 처리가 중요합니다. 핵분열로부터 생산된 다양한 핵종들과 초우라늄 원소의 붕괴를 관심을 가지며 살펴보아야 하고요. 이와 관련하여 수초 또는 수 분의 매우 짧은 반감기를 지닌 핵종들은 초기에 방사능이 매우 급속히 감소합니다. 그런데 이들의 방사선과 붕괴열은 원자로 내에서 거의 다 제거됩니다. 이로 인해 약 30년의 반감기를 가진 세슘

(Cs)-137과 스트론튬(Sr)-90은 원자로에서 방출되고 수년이 지난 후에 가장 중요한 핵분열생성물이 됩니다. 반감기 10회인 300년까지 핵분열 생성물 총 방사능의 99%는 세슘-137과 스트론튬-90이지요. 대략 500년 정도가 지나면 반감기 30년 이내 핵분열생성물들의 방사능은 우라늄 원광 수준이 되고요. 다른 중요한 과정은 중성자 포획으로부터 초우라늄 원소의 지속적인 생성입니다. 사용후핵연료봉을 원자로에서 인출한 후에도 우라늄(U)-235, 플루토늄(Pu)-239 등에 의한 자발적 핵분열이 진행되기 때문입니다. 이로 인해 플루토늄과 몇 가지 다른 핵종들의 다양한 동위원소 등이 점진적으로 증가합니다. 이것이 장기간의 사용후핵연료 저장 이슈이지요. 핵분열생성물과 초우라늄 원소들의 총 방사능이 최초의 우라늄 광석의 방사능과 같아지려면 약 25만 년이 걸립니다. [12]

정리하자면, 후행핵연료 주기의 중요 관리 대상인 사용후핵연료에는 핵분열을 통해 생성된 다양한 종류 및 반감기의 방사성 핵종들과 이들로부터 발생하는 붕괴열이 존재해 위험할 수 있습니다. 사용후핵연료는 초기에 짧은 반감기 방사성 핵종들의 방사성 붕괴로 상당 수준의 붕괴열이 발생하지만, 건식 및 습식 저장을 통해 약 40년 냉각하면 원자로 방출 초기 붕괴열의 약 10% 수준으로(정상운전 원자로의 열출력으로 약 0.3% 수준) 붕괴열이 저감됩니다. 원자로에서 방출 후 40년의 냉각 시간을 가정하면, 처분 시 방사성 붕괴열을 가장 많이 발생시키는 핵종들은 반감기 30년의 Cs-137과 29년의 Sr-90이며, 이 핵종들이 총 붕괴열의 80% 이상을 차지합니다. 또한 경수로 사용후핵연료 내에는 약 0.9% 정도의 U-235와 1% 정도의 Pu-239와 같은 핵분열성 물질이 존재합니다. 핵분열성 물질이 적당한 유동 속도를 가진 지하수와 접촉하면 예기치 않게 연쇄 반응이 발생할 수 있으므로 처분된 사용후핵연료가 핵임계에 도달하지 않도록 주의해야 합니다.[14]

셋째
:
원자력 안전을 위한 규제 이야기

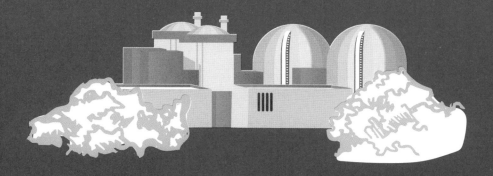

각국의 원자력 규제 체계 - 미국, 프랑스, 우리나라를 중심으로

국가에서 원자력 규제를 하는 이유는 무엇일까요? 무엇보다도 사고 발생에 의한 일반인의 방사선 피폭 위험성이 항상 있기 때문이지요. 두 번째 이유는 대형 사고는 잘 일어나지 않으므로 사람들의 눈에 보이거나 느껴지지 않지만 위험성은 확률적으로 항상 존재하기 때문이고요. 아울러 원자력 사업자는 의외로 위험을 구체적으로 인식하지 못하는 경우가 많아서 이 위험을 줄이기 위해 안전에 투자하길 기피하기 때문이라고 이야기할 수 있지요. 무엇보다도 원자력 사업자의 자율적인 안전관리에만 맡겨 놓을 경우 사업자 스스로 사회의 수용 가능한 수준의 안전성 확보 노력을 게을리할 수 있기 때문입니다.

한 마디로 원자력 위험은 발생 가능성은 희박하지만 이로 인한 방심으로 한번 발생하면 피해가 크다는 특성이 있기 때문에 국가에서 원자력 규제를 합니다. 이와 관련하여 OECD/NEA는 원자력 안전 규제를 "사회가 수용 가능한 수준으로 위험성을 줄이기 위해 정부인 규제기관이 개입하는 행위"라고 밝히고 있습니다.

국가에서의 원자력 규제와 관련하여 좋은 규제가 무엇인지 파악하는 것이 필요합니다. 왜냐하면 사업자는 위험에 비례하지 않은 과도한 규제를 불평하며 불필요한 비용을 유발하며 생산성을 저해한다고 주장하기 때문입니다. 또한 소비자, 환경단체, 일반인들은 느슨한 규제로 안전성이 충분하지 않다고 불만을 표출합니다. 따라서 국민에게는 적절한 보호adequate protection를 보장하고 시장경제 측면에서는 최적의 규제를 해야 합니다. 전문 용어로는 "좋은 규제를 통하여 외부효과를 내부화한다"고 한답니다. 관련하여 원자력 안전 규제정책은 "사회가 수용 가능한 수준으로의 원자력 안전성 확보를 위해 규제기관이 공식적으로 결정한 기본방침이다"라고 말합니다.

이런 관점에서 대표적 원자력 선도국인 미국 및 프랑스와 우리나라의 규제 체계 제도의 주요 특징을 살펴보고 국가에서의 원자력 규제제도의 근간이 되는 가동원전에 대한 규제감독 정책 및 규제 등을 말씀드리겠습니다. 아울러 바람직한 우리나라의 원자력 안전 규제체계 개선(안)을 제안 드리겠습니다.

미국의 원자력 규제 체계

미국의 원자력 규제기관은 원자력규제위원회NRC, Nuclear Regulatory Commission입니다. NRC는 미국 행정부의 내각과 분리된 대통령 직속 산하 기관이며 독립기관의 권한을 가지고 있지요. 대통령 소속이지만 대통령에 대하여 보고 의무가 없습니다. 미국 의회에서 규정한 권한에 따라 업무를 수행하고요, 의회에 대하여는 주요 업무 및 현안 보고의 의무를 수행하고 있습니다. 또한 미국 의회가 NRC의 예산을 심의후에 승인합니다. 이와 더불어 의회가 최종적인 권한을 가지는 NRC 위원 5명을 지명합니다. 따라서 미국사람들의 대의 기관인 미국 의회가 NRC를 감독하고 지휘한다고 볼 수 있습니다.

NRC의 임무는 일반 대중의 보건과 안전성의 확보를 유지하는 것을 주된 임무로 합니다. 가능하면 원자력 안전에 관련한 사항을 대중들과 공유하면서 NRC는 시민에게 신임 받는 원자력 규제기관이 되는 것을 추구하지요. NRC의 핵심 비전^{vision}에 대하여 알아볼까요? NRC는 효과적 규제를 주된 목적으로 독립성^{independence}, 개방성^{openness}, 효율성^{efficiency}, 명확성^{clarity}, 신뢰성^{reliability}의 가치를 추구한다고 합니다.

NRC의 업무는 국민건강 및 안전 확보, 방위 및 보안 증진, 환경보호, 원자력 폐기물, 원자력 사용의 인허가 및 규제 등입니다. 좀 더 구체적인 사항은 아래와 같지요.

1. 미국 내의 모든 핵물질 이용분야의 위험성으로부터 대중의 건강과 안전을 확보하고, 국가의 안전보장을 추구한다.

2. 환경보전을 목적으로 핵물질 취급시설의 인허가, 규칙의 제정 및 이러한 사항들이 준수될 수 있도록 검사·강제집행 업무를 수행한다.

3. 전력을 발생시키는 원자력에너지의 사용에 대한 규제에 초점을 맞추고 있으며 원자로와 여타 핵안전 이용시설, 핵연료 공정, 방사능폐기물 처리장의 건설, 운영, 폐쇄에 관한 허가권을 가진다.

4. 핵물질의 수출, 관리, 처리, 사용, 소유에 대해 허가하며 원자력에너지 실험과 연구로에 대해서 허가를 하고, 허가 받은 시설과 활동에 대해서 감사를 하며 경수로 발전에 대한 미국정부 안전연구프로그램을 담당한다.

5. 핵에 의한 사고를 조사하고 관련 문제에 대한 진술을 듣고 상업적 목적으로 운영되는 원자로의 운영상 안전에 대한 정보를 수집하고 분석해서 전파한다.

NRC는 위원장 1명을 포함하여 최종적인 권한을 가지는 위원은 총 5명으로 구성됩니다. 위원회의 의결은 과반수의 찬성인 3명 이상으로 하고요. 위원의 임명은 대통령이 하나 상원의 승인이 필요합니다. 각 위원의 임기는 5년입니다. 연임도 가능하다고 하네요. 각 위원의 임기는 매년 6월 30일 1명씩 매년 순 차례대로 바뀌도록 되어있습니다. 이는 NRC의 규제 정책의 연속성을 염두에 두었기 때문입니다. NRC 위원의 과반수가 동일한 정당으로부터 선출되어서는 안 됩니다. 위원 5명 중 1명을 대통령이 위원장으로 임명합니다. 거의 모든 경우 대통령이 속한 정당이 추천한 위원을 대통령이 위원장으로 임명하지요. 2015년 기준으로 NRC의 인력은 3,896명이며 예산은 10억 5천 9백만 달러입니다. 이웃나라 일본도 후쿠시마 사고 후 이 제도를 도입했습니다. 우리나라도 동일한 제도의 도입이 필요해 보입니다.

미국의 원자력 규제기관인 NRC는 원자력 진흥기관들로부터 분리되고 법적·정치적으로 권한을 보장받아 왔을 뿐만 아니라 규제를 위한 예산이 배정되어 가장 모범적인 규제 기관이라고 할 수 있습니다.

미국은 원전 사업자의 안전성을 객관적이고 종합적으로 평가하기 위해 노력해 왔습니다. 안전운영 실패 여부 판단을 위해 원자력 시설과 발전사업자 활동의 기본 요소로 안전초석-공통영역 체계를 도입하여 '규제감독 프로세스'ROP, Reactor Oversight Process를 개발하여 활용하고 있습니다. 미국은 약 30년 전부터 원전 사업자의 안전성 이행 평가를 위해 '인허가소지자 체계적 성능평가'SALP, Systematic Assessment of Licensee Performance 등 다양한 제도를 개발하여 운영해 왔지요. 90년대 후반 객관성과 일관성, 예측가능성에 대한 내외의 비판을 계기로 심층방어 철학에 기반을 둔 위험도와 성능 기반의 제도인 다음과 같은 ROP로 전환하였습니다.

-NRC는 위원회 정책 결정(1999년, SECY99-007)을 통해 규제감독 프로세스 (ROP)를 도입.

-ROP 이행을 위한 세부 지침, 매뉴얼, 책임사항 등은 기존 NRC 문서관리체계에 반영하고, 제도 이행에 필요한 별도의 정책 결정으로 도입.

-원자로별 7개 안전초석(safety cornerstone)과 3개 공통영역을 평가하여 안전 운영 등급을 결정하고, 운영 실적에 따라 규제조치를 차등화하며 각 원자력발전 소에 대한 규제감독 수준을 결정.

-안전초석과 관련된 설비 및 사업자의 업무 수행상태를 규제 검사로 확인.

-사업자 안전운영 실적지표와 검사 발견사항은 안전 영향과 중요도를 고려하여 등급평가에 반영.

NRC는 ROP 유효성 평가, 각종 규제현안과 교훈의 반영, 내외부 검토, 이해관계자 피드백을 활용하여 규제감독 체계를 지속적으로 검토하여 개선하고 있습니다.

프랑스의 원자력 규제 체계

프랑스의 원자력안전 규제는 원자력안전청^{ASN, Autorite de Surete Nucleaire}에서 담당합니다. ASN 산하의 방사선방호 및 원자력안전연구소(IRSN)는 규제 전문기술 업무를 수행하는 기관이고요. 이밖에도 대외원자력정책각료협 의회(CSPNE)는 대통령 직속으로 원자력에 관한 민감한 기술, 기기, 관련 제품의 수출 등 대외정책 조정 역할을 수행합니다. 원자력안전 및 정보 고등평의회(CSSIN)는 원자력시설 안전문제 전체를 조사하는 등의 일반 적인 자문을 하고요. 주요원자력시설부처조정위원회(CIINB)는 원자력시 설의 건설 · 운영에 관한 규제 및 설치허가에 대한 심의 · 자문 역할을 수행하고 있습니다. 참고로 프랑스는 미국 다음으로 세계에서 두 번째로 원자력발전량이 많은 국가로 정부는 원자력발전 중시 입장을 유지하고 있습니다. 총 58기의 원자력발전소에서 전체 전력의 78%를 생산한다 (2021년 현재 56기의 약 72%)고 합니다.[11]

ASN이 원자력안전 규제 업무를 수행하지만, 산업성, 환경성, 보건성 세 개의 부처에 보고 하는 중앙정부의 청급 기관입니다. 프랑스 원자력 발전소에 대한 최종허가는 이들 부처가 담당한다고 하네요. ASN의 비전은 "총체적으로 가정되는 모든 원자력과 관련한 위험으로부터 시민들과 국가를 보호한다"는 것입니다. ASN의 구체적인 임무는 "① 국가를 대신하여 원자력 안전의 조절과 방사능으로부터의 보호 임무를 수행하며, ② 모든 원자력과 관련된 활동에서 야기되는 위험으로부터 노동자, 환자, 대중 및 환경을 보호하고, ③ 이러한 정보를 대중에 알리는 것에 기여한다는 것"입니다. ASN이 추구하는 핵심 가치는 역량Capability, 독립성 Independence, 엄격성Severity, 투명성Transparency 등입니다. ASN는 시민들로부터 신뢰받는 원자력 규제기관이 되는 것을 그 목표로 합니다.

프랑스 ASN은 산업성, 환경성, 보건성 모두와 일정 관계를 유지하는 독립 행정 기관입니다. 규제는 이들 감독기관의 요청에 의해 수행되지만 규제 및 감독의 결과를 정부에 보고 없이 공개할 수 있는 법적 권한을 가지고 있다고 합니다. 이렇게 ASN체제에서 관련 정부부처의 규제 업무에 대한 영향력 행사가 제한되면서 규제 업무의 독립성 및 투명성이 높아지고 대중의 신뢰 역시 제고되었다고 할 수 있습니다.

ASN은 크게 중요 의사결정을 담당하는 위원회Commission, 총괄을 담당하는 국장단, 그리고 원자력발전소, 압력기기, 방사성 물질 수송, 연구시설 및 폐기물, 환경 및 비상대응, 방사선 및 보건 분야별 전문부서로 구성되어 있습니다. ASN은 11개의 지역본부를 설치 · 운영하고 있지요.

ASN의 위원회 위원의 임기 6년입니다. ASN은 1명의 위원장과 4명의 위원들로 구성되며, 법률에 의해 독립성과 공정성을 보장받는다고 합니다. 대통령이 위원장 및 2명의 위원을 임명하고요, 상·하원 의장이 각각 1명씩의 위원을 임명하는 구조로 되어있다고 합니다. 상·하원 의장이 1명씩의 위원을 임명할 때 주요 정당의 승인이 필요하겠지요. 위원은 2년마다 2명씩 임명되며 임기는 6년으로 재임이 불가능합니다. 아울러 ASN 위원장과 사무국장은 지명 전 국회에 출석하여 인사 청문회를 받는다고 하네요.

ASN 위원회의 주요 임무는 "① ASN의 전반적인 정책을 규정하고, ② 중요한 의사결정을 수행하며, ③ ASN의 권한 내에 있는 핵심적인 이슈에 관한 공적인 성명을 채택하는 것" 등을 들 수 있습니다. 좀 더 자세히 살펴보면 프랑스의 원자력 규제기관 ASN은 원자력 투명성과 안전에 관한 법TSN Act에 근거하여 독립 행정 기관으로 2006년에 설립되었습니다. 위원들은 각자의 전문성, 특히 안전 포함한 핵안보 및 방사선방호 분야에 대한 전문성과 역량에 기반을 두어 임명됩니다. 그 기능을 수행하는 데 있어 다른 사람이나 기관으로부터 어떠한 지시도 받지 않습니다. 또는 위원 직무를 상근으로 수행하고, 직무에만 전념할 의무를 지닙니다. 그러나 독립적이고 공평 부당한 업무수행의 불이행시 위원 다수결로 직을 박탈당할 수 있다고 하네요.

ASN은 산업과 의학 기술자, 물리학자, 약사, 법규 및 행정전문가, 인간과학자, 언론학자 등인 450여 명의 인력이 근무하고 있습니다. 이 중 220명은 파리 본부에서 근무하고, 나머지 230명은 11개 지역본부에서 근무하고 있다고 합니다. 또한, ASN을 기술적으로 지원하는 방사선방호 및 원자력안전연구소IRSN에 400여 명의 전문가그룹이 형성되어 기술적 평가와 검사 등의 지원을 하고 있습니다. ASN에 약 6,800만 유로(9,200

만 달러), IRSN에 약 7,800만 유로(1억 500만 달러)의 예산(2011년 기준)이 책정되어 있다고 하고요.

프랑스는 신新 감독전략을 채택하였습니다. 프랑스의 신新 감독전략은 사업자 안전책임을 우선시하면서 이해관계자들과 협의적 방식으로 안전목표 달성을 추구합니다. 아울러 현재까지 성능을 고려하는 유연한 검사제도라고 합니다. 좀 더 구체적인 내용은 다음과 같습니다.

-연간 검사 프로그램에 따라 기본검사를 중심으로 차등적으로 강화검사와 확대검사를 수행하며, 각 원자력발전소의 계획정비 기간 중에 사업자의 활동과 문제점을 종합적으로 확인.
-위반사항의 안전 영향을 비교 리스크 관점에서 5개 등급으로 평가하고, 위반 대상 요건의 종류와 상황적 요인, 사업자 특성 등을 고려하여 규제 조치 수준을 결정.
-연간 규제감독 결과를 종합하여 차년도 검사 우선순위 선정, 발전소별 등급 및 검사 집중 영역을 설정하는 데 활용.
-ASN은 기본검사를 중심으로 차등적으로 강화검사와 확대검사를 수행하는 유연한 검사 방식을 적용.
-기본검사 대상은 미리 설정된 주제와 세부항목으로 구성되어 있으며 확대검사는 이에 국한하지 않고 검토가 필요한 주제를 중심으로 범위를 확대하여 수행.
-검사결과 지적사항에 대한 중요도 평가를 거쳐 시정조치 수준을 차등적으로 결정하는데 규제요건 문서의 수준별로 조치를 차등화 함.
-연간 규제감독을 통해 수집한 자료를 바탕으로 각 발전소에 대한 등급을 매기고 종합의견을 작성하여 프랑스 원자력발전회사인 EDF 본사에 제공하며, 각 지역 사무소는 연간 평가 자료를 바탕으로 차기년도 검사계획 수립에 활용.

우리나라의 원자력 규제

우리나라의 원자력 안전 규제기관은 원자력안전위원회원안위, NSSC, Nuclear Safety and Security Commission 등입니다. UN 산하기관인 국제원자력기구IAEA 는 심층검토후에 우리나라의 원자력 규제기관은 원자력안전위원회, 한국원자력안전기술원, 원자력안전전문위원회로 3개의 실체로 구성되어 있다고 유권 해석하였습니다. 후쿠시마 사고 당시 원자력산업은 지식경제부(현 산업통상자원부)가 관장하였습니다. 원자력 안전 규제와 연구개발 및 국제협력을 교육과학기술부(현 과학정보통신기술부)가 담당하고 있었고요. 후쿠시마 원전 사고 후 원자력 진흥 분야와의 독립성과 안전 규제의 전문성을 높이기 위해, 독립 행정기구로 원안위가 설치되었습니다. 우리나라의 원자력 안전 규제체계와 규제기관인 원자력안전위원회 조직 등을 그림 48과 그림 49에 기술하였습니다.

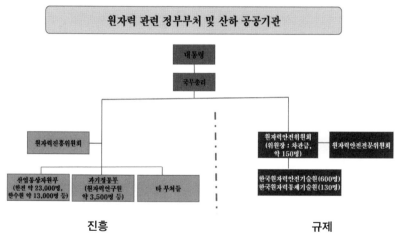

그림 48. 우리나라의 원자력 관련 정부부처 및 산하 기관.

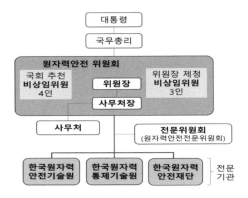

□ **원자력안전위원회 조직도**[자료: www.nssc.go.kr, 2017.10.]

그림 49. 우리나라의 원자력규제관련 정부부처 조직 및 산하 기관(출처: 백원필 박사).

우리나라의 원자력 규제기관인 원자력안전위원회의 위원은 위원장, 부위원장, 비상임위원 7명을 포함한 9명(상임 2명, 비상임 7명)으로 임기는 3년으로 재임이 가능합니다. 위원 자격을 원자력 분야 전문가로 한정하지 않고 사회 각 분야의 인사가 참여할 수 있도록 규정하고 있지요. 위원장은 국무총리 제청으로 대통령이 임명하는 차관급 상임위원으로, 위원회의 의장일 뿐만 아니라, 사무처 역할을 하는 행정조직인 원자력안전위원회의 수장이기도 합니다. 또 다른 상임위원인 부위원장은 원안위 사무처장이 담당하고요.

비상임 위원 7명 중 3명은 정부가, 4명은 국회가 지명하는데요, 여야가 각각 2명씩 지명하는 것이 관행으로 되었습니다. 위원의 임기는 3년으로 다른 나라에 비해 짧지요. IAEA는 심층검토시 위원 임기 3년은 짧아 독립성을 저하할 수 있다고 보았습니다. 비상임위원 7명은 특징적으로 법률, 인문사회, 과학기술, 공공안전, 환경, 보건의료 등 사회 각 분야가 포함되어 있고요. 또한 독립성 확보를 명분으로 원자력 연구 · 개발 · 생산 · 이용 등 최근 3년 이내 원자력 이용자 및 관여자는 위원에서 제외하게 하였지만, 원자력을 공개적으로 반대하는 사람들도 위원이 될 수 있습니다. 조직의 형태는 합의제 중앙행정기관이라고 합니다.

원안위 사무처는 약 150명의 공무원으로 구성되어 있습니다. 대부분의 규제 실무는 산하 전문기관인 한국원자력안전기술원KINS에서 담당하고, 핵안보Security와 핵물질통제Safeguard 분야는 한국원자력통제기술원KINAC에서 담당하고 있고요. 그러나 정부조직인 원안위와 산하 전문기관 간의 위상 차이 등으로 인하여 주요 의사결정은 원안위 사무처가 주도하는 경우가 많습니다. 원안위 의사결정을 돕는 기술적 자문위원회로는 15인으로 구성되는 원자력안전전문위원회가 있습니다. 임명되는 사람들의 대부분이 이공계 교수들입니다. 원자력안전기술원은 전형적인 기술지원기관TSO Technical and Scientific support Organization, IAEA 공식 용어의 역할을 넘어 심사, 검사, 조사, 연구 등 많은 규제실무를 수행하는 안전 규제전문기관Regulatory Experts Organization입니다. 위에서 설명한 미국, 프랑스, 한국과 일본의 원자력 규제에 대한 내용을 표 12에 요약하여 비교해 보았습니다.

표 12. 국내외 원자력규제기관 설치 및 운영 현황(2018.8).

구 분	법적 지위	인원	원전 수	위원회 구성	위원임기	산하기관
한국 (원자력 안전 위원회)	국무총리 소속 독립규제기관	150명	가동 23기, 건설 5기 (정지 2기)	상임 2명, 비상임 7명	3년 (연임가능)	한국원자력안전 기술원, 원자력통제기술원, 원자력안전재단
미국 (NRC)	대통령 직속 독립 규제기관	3,900명	가동 98기, 건설 2기	상임 5명 (상원 추천)	5년 (연임가능)	없음
프랑스 (ASN)	수상 직속 독립 규제기관	480명	가동 58기, 건설 1기	상임 5명	6년 (연임불가)	IRSN (원자력·방사선 방호연구소)
일본 (NRA)	환경부 소속 독립 조직	1,025명	가동 42기, 건설 2기	상임 5명	5년 (연임가능)	JAEA (원자력개발 연구소) NIRS (방사선의학종 합연구소)

원자력 규제감독은 검사, 심사 등의 규제활동을 통해 가동 중 원전의 안전성을 확인하고 더 나아가 지속적 안전성 향상을 유도하기 위한 활동이라고 할 수 있지요. 원전 안전관리는 원전 운영 사업자의 역할입니다. 즉, 시설과 설비의 성능관리를 포함한 원전의 안전운영, 그 과정에서 허가기준을 만족하지 못하는 사항의 발견과 시정 및 재발방지 등이 원전 운영 사업자의 업무입니다.

이러한 기본전제 하에 규제기관은 사업자의 원전 안전운영 여부를 독립적으로 감시하여 사업자의 안전운영 수준을 확인합니다. 또한 규제요건 불만족사항 혹은 운영이 미흡한 사업자에 대한 규제 조치를 통해 안전성을 확보하는 역할도 수행하지요. 이와 같은 사업자와 규제기관의 역할 명확화와 각자의 책임 이행을 기반으로, 규제기관은 원전 시설과 활동이 규제기관이 수립한 안전 목표와 규제요건을 만족하며 사업자에 의해 안전하게 운영됨을 확인하고, 필요한 규제 의사결정과 조치를 통해 안전성을 확보하게 됩니다. 아울러 규제감독 과정에서 원자력시설의 상태와 사건, 현안 등 안전에 영향을 미치는 이슈와 규제 조치에 대해 국민에 적극적으로 알림으로써 원자력 안전관리에 대한 국민 인식을 제고할 수 있다고 봅니다.

2011년 3월 후쿠시마 원전 사고 이후 원전 안전성 및 방사선 피폭에 대한 국민의 우려가 높아진 가운데, 연이은 안전 현안 발생으로 규제기관의 규제품질, 대응능력, 전문성, 윤리성 및 투명성 등에 대해 시민단체와 국회 등으로부터 지속적인 도전을 받아오고 있습니다. 이러한 도전으로 기존의 규제범위 및 기준, 전문성 등으로는 국민 안심의 규제가 될 수 없는 상황들이 상당히 도출되었고, 새로이 임명된 원자력안전위원회 위원들도 원전 및 방사선 관련 주요 인허가 사안과 기준개발 등에서 다양한 관점과 높은 수준으로의 규제품질과 기술력 제고를 요구받아 왔습니다. 또한, 규제절차 및 의사결정의 투명성에 대한 국민, 국회, 원안위원 등의 요청으로 2013년 월성 1호기 계속운전 심·검사보고서의 인터넷 공개를 시작으로 주요 인허가 심·검사보고서를 지속적으로 공개하여 왔습니다.

최근인 2020년 12월의 원자력안전법 개정과 2021년 6월의 원자력안전 정보공개 및 소통 법률 제정으로 향후 규제활동에 대한 자료 공개는 점차 확대될 수밖에 없는 상황입니다. 또한 지역이나 국회 등에서도 규제 업무에 대한 설명회나 자료 요구 등이 지속적으로 증가되고 있는 실정이고 이에 대해 능동적인 대처가 필요하다고 판단되고요.

그동안 규제기관의 인력 및 예산 보강, 규정 개정 등을 통해 환경변화에 적절히 대응하여 주어진 임무를 어느 정도 달성할 수 있었다고 볼 수도 있겠네요. 그러나 향후 규제업무의 양과 범위를 감안하고, 규제결과의 품질, 규제 절차의 투명성 등에 있어 국민의 신뢰를 확보하기 위해서는 업무관행, 프로세스, 범위, 규제 문화 등을 검토하여 개선해야 할 것입니다. 이를 위하여 국민이 감동하는 국제수준 기술력의 안전 규제 업무혁신, 규제 전문성, 효율성, 투명성과 안전문화 지향, 안전 규제 규제품질 강화와 원자력 안전을 위한 투명한 윤리 및 과학·기술적 규제실천, 규제기관의 안전문화 풍토조성을 위한 노력을 경주하여야 합니다.

구체적으로 규제 전문역량을 강화하고 소듐고속원자로 SFR, Sodium Fast Reactor 등 미래규제수요 준비를 이행하고, 사업자가 원전 안전운전 역량을 제고하도록 규제(예, 원전 운전, 정비, 부품 품질 향상, 운영기술능력 중점검사제도 검토)하며, 세계 최고 수준의 규제 기술 개발의 일환으로 한국의 규제전문기관이 개발한 규제기술이 세계표준이 되도록 추진하는 것이 필요합니다. 예를 들면 한국의 규제전문기관인 KINS가 개발한 갑상선암 환자가족 등에 대한 방호기준이 2021년에 ISO International Organization for Standardization 의 표준으로 채택되었어요. 아울러 원자력 및 방사선 분야 현행 규제절차의 실효성 제고를 위하여 관행적 검사방법의 효과성 검토 및 차등접근법 도입[11], 규제활동에 대한 대국민 소통을 위하여 지역이나 국회 등에서의 규제 업무에 대한 설명회나 자료 요구 등에 대한 능동적인 대처 등이 필요합니다.

---

11 가동원전 규제감독(규제감독 = 검사 + 종합평가·관리) 체계 도입 검토. 미국이 마련하여 효과적으로 실행 중이고 일본도 후쿠시마사고 이후 도입하여 실행중인 ROP(Reactor Oversight Process) 검사제도의 접근방식 도입이 지향점임.

원자력 안전 규제체계 개선(안)

우리나라의 원자력 안전 규제체계와 관련하여 2019년 6월 24일 여야 3당 원내대표는 약 3개월 동안 공전된 국회를 정상화하고자 합의했던 합의문 제4항에서 원자력안전위원회의 설치 및 운영에 관한 법률(원안위 설치법)을 본회의에서 처리하겠다고 약속하였습니다. 여야 3당 원내대표의 국회정상화에 합의했던 합의문에도 명시될 정도로 중요한 원안위 설치법 개정 내용에 대한 여야 의원의 의견이 분분하여 합의에 실패했습니다. 실제로 소위에 상정된 6건의 법안은 각양각색의 내용들이었고요. 이 중 과반수가 넘는 4건은 자유한국당(현 국민의 힘) 의원 3명의 발의 법안으로 현행법 하에서 원안위에 시민단체 출신 비전문가가 포진해 있다는 판단한 자유한국당은 원안위원의 전문성 제고에 초점을 맞췄었습니다. 한국당 법안을 제외한 나머지 2건은 각각 더불어민주당과 바른미래당이 발의한 법안이었습니다. 현행법 하에서 원안위는 국무총리 소속인바, 노웅래 더불어민주당 의원은 원안위를 대통령 소속으로 격상시켜 독립성과 중립성을 확보하자고 했고요. 노 의원은 또 원안위원 임명요건을 경력 15년 이상[12] 등으로 구체화하고자 했습니다.

2021년 12월과 2022년 1월의 원자력안전위원회 회의에서도 '규제기관의 의사결정 역량 강화와 원자력안전위원회의 독립성 강화를 위해' 대통령 직속 기관화 등을 추진하고 있습니다. 구체적으로는 다양한 분야의 전문역량을 갖춘 원안위원들이 안건을 주도적으로 검토하여 책임있는 의사결정을 할 수 있도록 상임위원 수 확대(현재의 상임 2인, 비상임 7인 ⇒ 개선 상임 5인 이상) 등을 추진하고 있습니다.[13]

우리나라 원자력안전위원회의 발전방향을 모색함에 있어서 미국의 NRC 사례는 여러 차원에 걸친 시사점을 제공합니다. 예를 들면 최상의 안전성 유지를 위한 치밀하고 엄격한 안전 규제 체계 확립의 필요성과, 안전성과 신뢰성에 대한 국민의 기대에 부응하는 전문역량 확보 등은 NRC의 사례로부터 벤치마킹해야 할 사항들이라 할 것입니다. 원자력 사용이 불가피한 선택이라고 판단되면 원자력의 안전성은 중요한 핵심사항이고 따라서 이 안전성은 정치와 이념에 의해 흔들리지 않고 과학 · 기술에 의하여 독립적으로 보장되어야 합니다.

---

12 제5조(위원의 임명·위촉 등) ② 위원은 다음 각 호의 어느 하나에 해당하는 자격을 갖추어야 한다.
  1.대학이나 공인된 연구기관에서 15년 이상 근무한 사람으로서 부교수 이상 또는 이에 상당하는 직에 있거나 있었던 사람
  2.판사·검사 또는 변호사의 직에 15년 이상 있거나 있었던 사람
  3.원자력 또는 방사선 그 밖의 관련분야에 관한 경험이 있는 2급 이상 또는 이에 상당하는 공무원 또는 고위공무원단에 속하는 직에 있거나 있었던 사람
  4.공공안전 또는 환경보전활동에 15년 이상 종사한 경력이 있는 사람
  5."의료법" 제2조에 따른 의료인으로서 보건의료활동에 15년 이상 종사한 경력이 있는 사람
  6.제1호, 제2호, 제4호, 제5호 및 공무원 경력을 합산하여 15년 이상이 되는 사람

13 원자력안전위원회 안건 심의에 대한 전문성·효율성 제고를 위해, 원자력안전위원회 소위원회 및 원자력안전전문위원회 활동 강화, 지속적인 규제수요 증대, 국민들의 기대 수준에 맞는 안전 규제 이행을 위해 규제기관의 역량 제고와 독립성 강화가 수반될 필요
  -원자력안전위원회 국민참여단은 원자력 안전강화를 위해 규제기관의 독립성 강화를 과제로 제안
  -효과적이고 책임있는 의사결정을 위해 원자력안전위원회 상임위원 확대 필요성에 대해 국회 등에서 지속 제기
  -美, 佛, 日규제기관은 상임위원 비율이 모두 100% (한국 22%)

이에 따라 객관적이고 타당한 원안위 설치법 개정(안) 제시가 필요하여 관련 전문가들과 논의 끝에, 필자도 다음과 같은 취지와 함께 우리나라의 원자력 안전 규제체계 개선(안)을 제안하고자 합니다.

미국 NRC의 경우, 양 당(상원)이 NRC 위원을 각 3명, 2명 추천하며, 위원 임기 5년으로 매년 6월 30일에 1명씩 임기가 종료되도록 하여 위원회 구성의 급변을 막아 규제의 안정성과 연속성을 보장하고 있지요. 이를 참고하여 원안위법 개정방향으로 위원회를 중립화와 전문화하여 정치적 간섭을 배제하도록 다음과 같이 제안합니다.

- 위원의 임명·위촉 등과 관련하여 위원장 후보에 대해 국회 소관 상임위원회가 인사청문회를 열어 원자력안전 규제에 대한 전문성(원자력·방사선·재난관리·법률 분야 등), 공정성 및 독립성 등을 확인하고 적격성을 심의한다(인사청문회).
- 위원 후보에 대해서도 동일한 기준으로 소관 상임위원회의 위원 적격성 심의절차를 둔다. 비전문가와 이념적 색체가 강한 인사들을 위원회에서 배제하기 위하여 상임 5인으로 구성한다(위원회 구성 및 임명).
- 위원장은 대통령이 임명하고 나머지 4명의 위원은 국회가 추천(여야 각 2명)하고 대통령이 임명한다. 임기는 5년으로 하되, 처음 시행할 때에는 위원장 포함 2명의 임기는 5년, 3명의 임기는 각각 2년, 3년, 4년으로 임명한다.[14] 위원의 단계적 교체를 위하여 결원이 발생하면 그 후임 위원은 결원 위원의 잔여 임기를 승계한다.
- 임기중에 위법행위나 결격사유 등이 발생하는 경우 국회 소관 상임위원회에서 심의하여 해임 등을 결정하며 이 외의 경우에는 임기를 보장한다.
- 아울러 국외사례 등을 감안하여 "원자력안전위원회의 설치 및 운영에 관한 법률"의 명칭을 "원자력규제위원회의 설치 및 운영에 관한 법률"로 개칭한다.

---

14 후쿠시마 원전 사고 이후에 새로이 구성된 일본의 규제기관 위원 5명에 대한 임기와 동일한 방식을 취한다.

원자력의 안전한 이용을 위해서는 국가가 어떻게 규제하느냐가 중요합니다. 앞서 장의 서두에서 말했듯이 사업자의 자율적인 관리에 맡기기엔 한계가 있고, 여타 원전 사고를 통해 보았듯이 큰 사고가 된다면 단지 산업시설 뿐만 아니라 국민 모두에게 광범위한 피해를 입힐 수 있기 때문입니다.

원자력 이용을 어떻게 규제하고 안전을 담보할 수 있는가도 중요하지만, 원자력 안전에 대한 우리들의 생각도 중요합니다. 불안 요소가 없도록 시설이 운행되는 실질적인 안전만큼이나, 시민들이 평상시에 사고에 대한 걱정 없이 생활할 수 있는 정서적인 안전 또한 중요하기 때문이지요. 그래서 다음 장에는 원자력이 과연 안전한지, 주로 어떤 사고가 일어나며, 어떤 부문의 안전이 중요한지 알아보도록 하겠습니다.

넷째
:
원자력 안전에 대한 진솔한 생각

원자력은 안전할까?

일반적으로 어떤 상태가 안전하다는 것은 위험이 존재하여도 무시할 수 있거나 사회적으로 허용되는 정도 이내에 있음을 의미합니다. 안전은 위험의 존재를 전제한 개념이지요. 안전은 위험을 인지하고 수용 가능한 수준으로 관리함으로써 달성이 가능합니다.[15] 원자력 안전 개념은 원자력시설에서의 사고로 인한 방사성 물질 누출 위험이 사회적으로 허용할 수 있는 기준치 이내에 있도록 관리하는 것입니다. 원자력 안전을 논의할 때 '얼마나 안전한가'뿐만 아니라 '얼마나 안전하게 인식되느냐'하는 점도 고려할 필요가 있지요. 이와 관련하여 IAEA는 원자력 안전을 이렇게 정의합니다. "원자력의 생산과 이용에 따른 방사선 재해 등의 각종 위험으로부터 대중과 자연환경을 보호하고, 원자력발전 또는 방사선누출

---

15 안전은 이를 얻기 위해 자원을 소요해야 되는 일종의 재화이며, 안전을 얻기 위해서는 그에 따른 기회비용을 지불해야 한다. 안전 재화의 종류는 사적 안전재화와 공적 안전재화로 구분할 수 있다. 사적 안전재화는 개인이 직접 구매하여 자신만 사용할 수 있는 것으로 예를 들면 자동차 안전장비 등이다. 반면에 공적 안전재화는 국가 혹은 단체에 의해 제공되어 누구나 그 안전을 향유할 수 있는 것으로 예를 들면 도로안전(설비, 제도, 경찰 등)과 원자력 안전 등이다.

사고 방지와 사고가 발생한 경우에는 피해를 경감하는 것."

필자는 1980년대 초반부터 약 40년간 원자력 분야에서 학업, 연구와 함께 원전 설계, 안전 심사, 안전 검사의 업무에 종사해왔습니다. 원자력 이론과 실무에 제법 많은 지식과 경험을 쌓아오면서 필자는 (1) 원자력 발전 (2) 산업계 비파괴검사 등 방사선 이용시설 (3) 사용후핵연료를 포함한 방사성 폐기물 등의 위험성에 대한 고민을 체계적으로 정리해왔습니다. 그 결과로, 안전하게 관리되고 있다고 생각했던 원자력 시설의 위험성과 안전성을 더욱 더 깊고 또 새롭게 이해하게 됐습니다. 그 구체적인 내용은 다음과 같습니다.

첫째, 우리나라 원전은 정말 안전한가? 원자력 위험성에 대한 일반인들의 염려가 커진 데에는 TMI-2, 체르노빌 및 후쿠시마 원전 사고가 중요한 역할을 하였다. 특히 후쿠시마 원전 사고는 서방의 기술선진국인 일본에서 발생하여 그 여파가 결정적이었고, 바로 인접 국가인 우리나라 국민들의 우려는 엄청났다. 이에 대한 필자의 생각은 현재 우리나라에서 운전 중인 25기의 원전은 사고가 발생하더라도 큰 피해 없이 안전하게 제어 및 수습이 가능하다는 것이다. 일본과 같은 대규모 지진과 쓰나미 등이 없고, 과거 약 20년 동안의 수준으로 원전의 안전 관리가 유지된다는 전제를 하였다. 원전의 사고를 100% 예방할 수는 없지만, 발생 가능성이 낮은 자연 재해나 인적 실수, 정비나 부품 불량, 기계적 고장, 전기적 고장, 화재 등으로 인해 사고가 발생한다고 하더라도 국내의 원자력 발전소는 심층방어의 개념으로 설계되어 있어서 기술적으로 통제될 수 있다.

둘째, 일반 국민이 방사능에 피폭될 수 있는가? 원전보다 상대적으로 관심을 덜 받고 있지만, 수많은 시설과 종사자들이 전국에 산재하여 있기 때문에 방사성동위원소 이용시설이나 방사선 발생장치에서의 피폭사고는 더 쉽게 발생될 수 있고 불특정 사람들에게 의도하지 않은 방사선 피폭을 유발하게 할 수 있어서 실질적으로는 일반인들에게 훨씬 더 중요할 수 있다. 방사선 피폭은 특성상 인간의 오감으로는 감지하기 불가능하여 사고 초기에 인지하기 어려운데다 방사선원이 고철이나 귀한 물건으로 오인될 수도 있기 때문이다.

이와 관련하여, 낮은 선량의 방사선이 정말 위험한가? 지금까지 알려진 바에 따르면 약 100mSv 이상의 방사선 피폭에 대해서는 위해가 발생될 수 있다고 판단되지만, 약 50mSv 이하의 저선량 방사선에 노출되면 잠재적으로 암 및 유전자변형 위험이 있을 수 있으나 이는 논쟁의 대상이다.[16] 미국에서는 방사선 작업종사자들에 대한 제한치가 연간 50mSv이지만 작업종사자들은 그것의 절반 이하로 잘 준수하고 있다. 이는 대부분의 사람들이 방사선 피폭에 대한 두려움이 커서 제한치가 곧 발병의 시작으로 생각하는 것과 관련이 있다고 판단된다.

셋째, 원자력 폐기물시설이 정말로 위험하고 후손들에 항구적인 멍에가 될까? 사용후핵연료 처분 안전성에 대한 시민단체의 문제 제기가 잦고, 사용후핵연료 처분장 부지 확보에 대한 해결책이 보이지 않고 있으며 종종 발생하는 국내 방사선 피폭사건·사고들로 인하여 원자력 안전에 대한 국민들의 염려가 크다.

---

16 히로시마, 나가사키 원폭 생존자 50년 역학 조사 결과에 따르면 약 100mSv 이하 방사선 피폭에 대하여서는 위해의 증거가 없다고 판단된다. 최근 약 50 mSv 이상의 저선량 방사선에의 노출은 잠재적으로 위험이 있을 수 있다는 보고가 있지만 아직 국제기구에서 받아들여지지 않았으며 향후 논쟁의 가능성이 있다(낮은 선량에서는 암발생률이 오히려 감소하는 연구결과도 있다고 함).

이에 관한 필자의 진솔한 생각은 다음과 같다. 원자력안전 전문기관의 객관적이고 철저한 심사 및 검사 하에 사용자가 시설을 유지하기 위한 적절한 노화 관리 프로그램 등을 갖추면 미국의 원자력규제기관인 NRC가 발표했듯이 사용후핵연료를 포함하는 방사성 폐기물은 습식 및 건식 저장으로 무기한 안전하게 저장하는 것이 가능하다는 것이다.

위의 생각과 관련된 구체적인 배경, 근거 및 내용을 이번 장을 포함하여 이 책에서 기술하고자 하였습니다.

원자력발전의 안전

원전에 반대하는 이유 중 하나가 바로 원전의 위험성일 것입니다. 하지만 우리나라 원전이 왜 위험하고, 왜 안전하지 않은지에 대해 누구도 지금까지 실증적으로 설명하지 못하고 있습니다. 언론에서 보도하는 원전의 사고의 대부분은 기기 고장과 인적 실수로 인한 사건이고 대중에게 방사선으로 인한 실질적 피해를 주지 않았기 때문입니다. 2016년 경주 지진이 났을 때 원전을 빨리 점검하라는 여론이 비등했지요. 그런데 이때 원전은 아무런 문제가 없었고 인근 건물이나 가옥에만 피해가 있었습니다. 아무래도 후쿠시마 원전 사고의 잔상이 남아서인지 자연 재해가 일어나면 원전이 위험하다는 공포심이 생겨서겠지요. 하지만 우리나라 원전은 아래 3가지 사항을 준수하며 지진을 비롯한 자연 재해에 대비하고 있습니다.[17]

첫째, 인간의 행위나 설치하는 시설이 자연의 자생 능력과 회복 능력을 유지해야 한다. 원전 설계 기준은 주민에게 미치는 방사선 영향이 자연 방사능 수준 이하여야 한다. 운전 중에도 지속적으로 원전 인근의 방사선 준위를 측정하여 허용기준을 만족하는지 보여야 한다.

둘째, 사고 시 생명을 위협하거나 재산에 손실을 주는 정도가 다른 시설, 자연 재해 등 통상적인 위험과 비슷하거나 낮아야 한다.

셋째, 설비설치나 인간 행위에 의한 이득이 손실보다 훨씬 커야 한다. 예를 들자면 최근 코로나 예방접종과 관련하여 방역 당국은 백신접종에서 오는 면역 이득이 부작용보다 훨씬 크기 때문에 접종을 실시하고 있다.

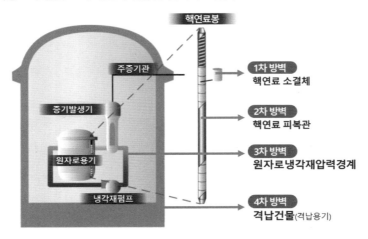

그림 50. 원자력발전소의 물리적 다중방벽.

원자력발전소는 '심층방어'[17]의 개념으로 설계되어 있습니다. 비정상적인 이상 상태 발생 방지를 위해 여유 있는 안전설계를 하고 있으며, 고장에 대비해 다중 설비를 갖추고 있지요. 또한 원자력발전소에서 비정상

---

17 사회가 수용할 수 있는 수준의 높은 안전성 확보가 원자력 이용의 전제조건이며, 이를 달성하기 위한 핵심적인 개념이 심층방어(Defense-in-Depth)임. 심층방어는 다중방벽과 다단계방호를 통해 원전 사고를 높은 신뢰도로 예방하고(사고 예방), 만일의 사고 시에는 그 피해를 최소화(사고 완화)하는 개념이다.

적인 이상 상태가 발생하게 되면 원자로보호설비가 자동으로 감지하고 정지하게 됩니다. 중대사고가 발생하게 되면 계통설비가 사고의 진행을 완화하고 방사성물질이 외부로 누출되는 것을 방지할 수 있도록 다양한 설비들이 갖추어져 있습니다.

이러한 심층방어의 예로는 다중방호를 들 수 있습니다. 다중방호란 여러 겹의 방호벽을 설치하여 방사성물질이 외부로 누출되는 것을 막고자 하는 것입니다. 국내 원전은 핵연료 펠릿, 피복관, 원자로 용기, 원자로건물 등의 방호벽을 갖추고 있지요. 아울러 심층방어와 관련하여 원전은 다중성, 다양성, 독립성의 기본적인 설계 특성을 가지고 사고 예방을 위한 각종 안전 설비를 갖추고 있습니다. 이 외에도 고장 시 안전작동 개념, 연동장치, 피동개념 등을 설계 단계에서부터 고려하여 안전성을 고려하고 있습니다.

표 13. 사고 예방완화를 위한 다단계 방호.

단계	목표	핵심 수단
1단계	비정상 운전 및 고장 방지	보수적인 설계와 고품질 건설 및 운전
2단계	비정상 운전의 제어 및 고장 탐지	제어, 제한 및 보호 계통과 감시 기능
3단계	사고를 설계기준 이내로 제어	공학적안전설비 및 비상대응절차서
4단계	중대사고의 제어(중대사고 진행 억제와 결과 완화)	추가적 안전 설비 및 사고 관리
5단계	방사성물질 대량 누출로 인한 피해 최소화	소외 비상 대응 (원자력 비상방재대책)

앞에서 설명한 심층방어와 다중방호의 원전 설계 때문에 사고가 발생하거나 심각한 단계로 진행될 가능성은 낮습니다. 하지만 일단 사고가 발생하더라도 대부분은 규제기관이 심사하여 승인한 비상운전절차서 내

용에 의거하여 발전소 소내장비/자원 등을 사용하여 방사선 누출 없이 수습이 가능하다고 판단됩니다. 가능성이 극히 낮으나 TMI-2와 같은 중대사고가 발생하면 능력있는 발전소 직원들이 규제기관이 내용을 검토한 중대사고관리지침서 등을 활용하여 발전소 소내장비/자원과 소외장비/자원들을 총 동원하여 심각한 방사선 누출 없이 수습이 가능하다고 판단되고요.

원자력과 방사선의 위험에 대한 이해가 어려운 일반인에게는 원전에서의 사고 소식을 실제보다 훨씬 더 위협적인 상황으로 받아들이게 됩니다. 특히 방사선이 오감으로 인지가 불가능하다는 점이 더욱 큰 불안감을 유발하게 되고요. 이러한 경우에는 방사선의 영향이 즉각적으로 나타나지 않더라도 회복할 수 없는 손상이나 장애가 발생할 수도 있다는 공포감을 유발합니다.

심지어는 경험이 있는 원자력작업자도 심각한 정신적 스트레스를 받을 수 있습니다. 이는 히로시마 원폭, 체르노빌 원전 사고 등의 역사적 사건으로 인해 강화된 부정적 이미지가 더욱 더 두려움을 가중시키는 것도 한 가지 이유로 보입니다. 특히 어린이나 어린이의 부모, 임산부는 더욱 더 큰 공포감과 불안감에 시달리게 될 수도 있고요. 이런 점에서 원자력사고는 사회에 미치는 영향이 매우 크고 특별하다고 할 수 있습니다.

방사선 시설의 안전

    방사선 시설은 원자력발전소에 비하여 일반인들의 경계가 상대적으로 약하다고 보입니다. 그 이유는 원전 사고가 더 큰 이슈가 되기도 하고, 방사선 시설 사고로 인한 일반인에 대한 대규모의 피해가 미미하다고 사람들이 생각하기 때문 등으로 판단됩니다. 그러나 방사선 시설의 종류와 숫자가 훨씬 많고 이들이 전국적으로 산재해 있으며, 아울러 발전 시설에 대한 경계에 비해 방사선 시설에 대한 경계가 약한 점 등으로 인하여 방사선 시설에서의 사고 개연성이 더 높을 수도 있겠습니다.

    원자력발전소와 핵주기시설을 제외한 우리나라의 방사선이용 분야는 의료, 산업, 연구, 교육, 공공, 군사 등 많은 분야에서 사용되고 있습니다. 사용기관의 수는 산업 분야가 가장 많습니다. 다음으로는 공공 분야이고 연구, 교육, 의료 순으로 사용기관이 많이 분포하고 있지요. 이용기관의 수는 2012년 말 현재 기준으로 5천 6백여 개를 넘었으며 그 증가 폭은 매년 10% 이상입니다.[8] 이에 따라 이용기관의 수는 2017년 말 기준으로는 7천 9백여 개를 넘고 있고요. 이용기관의 전국적 분포는 철강, 화학, 전자단지가 몰려 있는 공업단지입니다. 아울러 병원, 학교, 연구소가 밀집되어 있는 대도시에 이용기관들이 산재하고 있습니다.

산업 분야의 세부적인 이용용도는 주로 비파괴검사와 계측제어, 대단위 조사 등에 이용되고 있습니다. 계측제어는 물질의 성분분석, 무게 측정, 액면 측정, 두께 측정, 밀도 측정, 수분 측정, 각도 측정, 농도 측정 등에서 이용됩니다. 대단위 조사는 식품, 농축산물, 의료기기 등에 대한 방사선 멸균, 전선이나 타이어의 가교 형성, 반도체 이온주입, 문화재 분석 등에 주로 이용되고요. 기타의 용도로는 연기감지기, 야광조명, 정전기의 제거, 전구용도입선 등에 활용됩니다. 연구 분야에서는 잔류농약 분석과 수질오염 분석, 유황이나 물성 분석, 농산물의 종자개량에 이용되고 있습니다. 의료 분야에서는 병의 진단과 치료에 이용되고요.[8]

표 14. 2012년 방사선원 이용기관 현황(2012년 12월 31일 기준).[8]

업종	사용		판매/사용	판매	이동사용	생산	이용기관 수		
	신고	허가					신고	허가	계
의료기관	12	175				11	12	186	198
산업체	3,322	538	39	162	54	42	3,322	835	4,157
연구기관	226	51	2			2	226	55	281
교육기관	116	173				2	116	175	291
공공기관	555	58					555	58	613
군사기관	37	29					37	29	66
계	4,268	1,024	41	162	54	57	4,268	1,338	5,606

표 15. 2017년 방사선원 이용기관 현황(2017년 12월 31일 기준)(출처: 원자력안전정보공개센터)

업종	허가 및 신고 수			이용기관 수
	방사성동위원소	방사선발생장치	계	
의료기관	205	95	300	197
산업체	1,533	5,157	6,710	6,209
연구기관	200	206	406	309
교육기관	170	245	415	299
공공기관	388	515	903	801
군사기관	15	93	108	102
계	2,532	6,311	8,843	7,938

2017년 말 기준으로 약 8천 개의 방사선 이용기관 등을 염두에 두면, 일반인들은 소규모 방사선원이나 방사성물질로부터도 경우에 따라 방사선 피폭에 따른 심각한 위해를 받을 수 있습니다. 따라서 방사성 시설에서의 방사선 사고는 사전 방지가 무엇보다도 중요합니다. 일단 사고가 발생하면 초기의 적절한 대응과 신속한 통제가 중요하고요. 이때 오염 확산 방지가 필수적이며, 오염된 사람과 지역, 하수와 지표수 및 토양 오염의 통제가 필요합니다. 오염 확산을 조기에 통제하지 못하면 오염 제거 및 사후 처리 등에 막대한 비용과 노력이 필요하기 때문이지요.

대표적인 예가 2000년 11월 울산 D검사업체 저장실에서 작업자가 이리듐(Ir)-192 선원(약 20큐리)을 회수하기 위하여 그라인더로 제거하는 과정에서 선원 캡슐이 파손 분산된 사고입니다. 작업자가 오염된 옷 및 신발을 착용한 채로 건물 앞 도로까지 나옴으로써 사무실 및 주변 도로가 오염되었습니다. 또 다른 예는 2018년 5월의 대진침대 방사능물질 라돈 검출 사태입니다. 수입된 모나자이트가 사용되어 라돈이 검출된 매트리스만 6만 2천개가 넘었던 이 매트리스 오염 사건은 국무조정실과 우정본부(우체국)를 비롯한 대한민국 정부 차원에서 몇 년에 걸친 각고의 노력 후에야 비로소 수습이 가능하였지요.[18]

위와 같이 방사성동위원소[RI, Radioactive Isotope]를 포함하는 방사선 시설에서의 피폭사고는 원자력발전소나 핵주기 시설과 같은 대형 방사선 시설의 사고와 다른 측면이 있습니다. 즉, 불특정 사람들에게 의도하지 않은 방사선 피폭을 유발하게 할 수 있어서 실질적으로는 일반인들에게 훨씬 더 중요할 수 있지요. 방사선 피폭은 특성상 인간의 오감으로는 감지하기 불가능하여 사고 초기에 인지하기 어려운데다 방사선원이 고철이나 귀한 물건으로 오인될 수 있기 때문입니다.

방사선 사고의 시사점

브라질의 고이아니아 사고와 대진침대 사태같은 방사선 사고가 우리에게 시사하는 점은 방사선이나 방사성물질에 대해 잘 알지 못하는 대다수의 일반인들에게는 소규모의 방사선원만으로도 경우에 따라서는 큰 피해를 유발할 수 있다는것입니다. 따라서 방사선 사고는 초기의 적절한 대응과 신속한 통제가 무엇보다 중요합니다. 특히, 오염 확산의 통제가 무엇보다 중요하고요. 구체적으로 오염된 사람과 지역의 통제, 하수와 지표수 및 토양 오염의 통제 등 핵심입니다. 오염확산을 초기에 통제하지 못하였을 경우에는 최종오염의 제거와 처리 등 사후 처리에 막대한

---

18 상기에서 언급한 사고들의 초기 신속한 대응과 통제와 관련된 사고 확대방지 조치는 연쇄사고 또는 2차 사고를 막고, 본격적인 수습활동 이전에 수행해야 할 필요한 조치이다. 사고 확대방지 4가지 초기 조치 원칙은 (1) 응급조치 (2) 사고의 통보 (3) 이상 피폭시 조치 (4) 오염 확대 방지 이다[6].

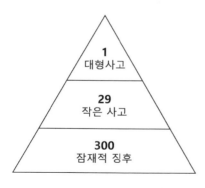

그림 51. 하인리히의 법칙.

비용과 노력이 필요하게 되기 때문이지요. [19]

　방사선사고는 방사선의 발견과 같이 시작된 역사이며 역사는 반복되게 마련입니다. 사고라는 불행과 실패에서 얻는 교훈은 성공에서 얻는 교훈보다 값지며 실패에 대한 정확한 분석만이 값진 교훈을 제공합니다. 실수를 가볍게 여기지 말고, 보다 진지하게 원인을 분석하면 미처 발견하지 못한 실마리가 거기 숨어 있을 것입니다.

　사고에는 하인리히의 법칙이라는 것이 있습니다. 하인리히의 법칙은 1: 29: 300의 법칙이라고도 하는데, 1929년 미국 보험사에서 보험 일을 하던 하인리히는 5,000건에 이르는 산업재해를 분석하였지요. 그 결과 대형사고 1건이 발행하기 전에 비슷한 경상사고 29건이 있었고 운 좋게

---

19 방사성동위원소 이용시설과 방사선 발생장치 등에 대하여서는 원자력안전법에 따라 원자력안전위원회의 허가·신고, 검사 등을 받아야 하고, 면허 등 일정한 요건을 갖춘 사람만이 이 업무에 종사할 수 있도록 하고 있다. 방사선 사고나 테러를 사전에 예방하고, 방사선 사고, 테러 발생시 효과적으로 대응·수습하기 위하여 국가차원의 사고 대응절차 및 조치사항을 규정하는 것이 필요하여 원자력안전위원회는 방사선 비상 및 재난에 대비하는 임무를 가지고 있으며, 방사선 사고나 테러 발생시 총괄적인 대응 역할을 수행한다. 방사선 사고에 관한 대응조직은 법적으로 설정되어 구성된 것은 아니며, 원자력시설 사고대응체계를 준용하여 조직을 구성하고 있다. 방사선사고로 인한 방사선 피폭 및 오염, 방사성물질 등의 누출에 따른 환경오염이 우려되는 대규모의 방사선사고 발생시에는 원자력안전법, 원자력시설 등의 방호 및 방사능 방재 대책법 등에 근거한 방사선사고중앙대책본부(본부장: 원안위 사무처장)가 구성된다.

재난은 피했지만 크고 작은 사소한 징후가 300건이나 있었다는 사실을 발견하였습니다. 즉, 크고 작은 사고의 비율이 1: 29: 300이라는 법칙입니다.

아무리 사소한 사건이라 하더라도 반복이 된다면 결국 큰 사고로 이어지므로 사소한 사건으로부터 큰 사고를 예측할 수만 있다면 큰 사고는 분명 막을 수 있을 것입니다. 방사선사고 발생 예방을 위해서는 안전법규를 철저히 준수하는 자세와 안전문화의 정립이 필요합니다.

방사성 폐기물의 안전

중·저준위 방사성 폐기물 처분은 천층처분과 동굴처분 두 가지 방식으로 구분됩니다. 동굴처분은 암반내 혹은 지하의 동굴에 자연방벽과 인공방벽을 이용하여 폐기물을 처분하는 방법이지요. 인위적으로 동굴을 굴착하고 안전성을 확보합니다. 이 방식은 수리지질학적으로 폐기물의 장기간 보관시 안전성을 확보하여야 하므로 균열, 파쇄대 등 2차 공극이 발달하지 않고 투수성이 낮으며 균질한 특성을 갖는 큰 암반이 있는 지역에 유리한 방식이지요. 천층처분은 지표에서 약 30m 이내의 깊이에 자연방벽 또는 인공방벽을 이용하여 방폐물을 처분하는 방식이고요. 안전성 확보를 위해서 인공방벽을 이용한 처분이 널리 사용되고 있습니다. 표토층이 발달하고 배수가 잘되며 강우량이 적은 지역에서 유리한 방식입니다. 또한 천층처분 방식은 인공방벽을 이용하여 방사성핵종의 누출을 저지하며, 동굴처분 방식에 비해 건설이 용이합니다.

고준위 방사성 폐기물 처분과 관련하여 우리나라를 포함한 세계 32개 국가에서 2020년 기준으로 모두 442기의 원전을 운영하고 있습니다. 이들 국가들의 공통적 난제는 고준위 방사성 폐기물인 사용후핵연료를 어떻게 처리해야 하는 것입니다. 이에 우주처분론 등 과학자들이 아이디어 차원으로 여러 방안들을 내놓았으나 크게 보면 사실상 3가지 방식으로 추진되고 있지요.

표 16. 고준위 방사성 폐기물 처리 방법 장단점 비교.

구 분	장 점	단 점
심지층처분	상대적으로 단순한 처분	Pu/U 등의 자원 폐기
재처리 후 처분	처분대상 폐기물 감소	상대적으로 비싼 공정
결정유보(Wait & See)	Pu/U 등의 활용 가능성 유지	미래 세대에 부담

먼저 세계적으로 가장 각광 받고 있는 방식은 '심지층처분론'이지요. 지하 500미터 이상의 깊은 땅속에 영구 처분해 인간과 격리시키는 방식입니다. 미국, 핀란드, 스웨덴, 독일, 스위스 등 10개국에서 채택하고 있고요. 이들 국가 중 핀란드와 스웨덴의 2개 국가만이 부지를 확보하고 영구처분시설을 건설 중입니다.

두 번째로는 재처리 후 처분방식이지요. 프랑스, 영국, 러시아 등에서 채택하고 있습니다. 사용후핵연료 재처리나 대안기술(파이로기술)을 개발해[20] 처분대상 폐기물의 양과 독성을 줄여서 최종처분의 부담을 경감할 수 있는 장점이 있을 수 있습니다.

세 번째로는 결정유보[Wait & See] 정책이지요. 말 그대로 세계의 기술개발 추이 등 상황을 고려하여 정책을 유보하고 있는 경우입니다. 우리나라의 사용후핵연료 관리정책은 2016년 이전까지 '결정유보'였습니다. 그러나 2016년 정부에서 '제1차 고준위방사성 폐기물관리 기본계획'을 수립하

---

20 사용후핵연료에 포함된 우라늄(U)과 초우라늄(TRU) 원소 등을 파이로 기술로 회수하여 소듐냉각고속로 (SFR) 연료로 재순환하기 위한 기술을 개발 중임.
  * 초우라늄원소(TRU): 플루토늄(Pu) + 마이너액티나이드(Np, Am, Cm)의 통칭

면서 우리나라에서도 법적으로는 영구처분방식의 사용후핵연료 관리정책을 수립했습니다만[21], 그 실행은 쉽지 않을 것 같습니다. 이와 관련된 보다 자세한 사항은 이 책의 4장 사용핵연료 관리정책을 참조하시길 바랍니다.

원자로의 냉각 저장조는 사용후핵연료를 저장하는 데 사용되지요. 대부분의 원자력발전소의 경우 냉각 저장조는 40년 또는 60년의 원자로 설계기간 동안 연료를 냉각 · 보관하게 됩니다. 그 이후에는 일단 콘크리트로 감싼 강철 용기에 넣고 원자력발전소나 중간 저장시설에 보관하는 것이고요. 이것이 현재 월성 원자력발전소 등 세계적으로 많은 원전에서 사용되고 있는 건식저장 방식입니다. 이 방식은 사용후핵연료봉을 냉각 저장조에 적어도 6년간 보관하여 충분히 냉각되고 대부분의 방사성원소들이 붕괴된 경우에 적용하지요. 건식저장 방식은 뜨거운 여름에도 용기 주변의 정상적인 공기 흐름으로 열을 충분히 냉각시킬 수 있도록 설계하는 것입니다. 아울러 철제 용기와 콘크리트가 방사선을 충분히 차폐하므로 작업자 등이 저장 용기 가까이 가는 것이 가능하고요.

미국의 원자력규제기관인 NRC는 2010년 12월 '사용후핵연료 신뢰결정Waste Confidence Decision'을 하였습니다. 미국의 이 결정은 사용후핵연료가 심각한 환경 영향 없이 원자로의 허가 수명 이후 최소 60년 동안 저장조나 건식저장용기인 캐스크에 안전하게 보관될 수 있다는 것을 보여줍니

---

21 이와 관련한 전문가 한 사람의 견해: "우리나라의 고준위방성폐기물관리정책은 '결정유보(Wait and See)'가 아닌 '심지층 영구처분'이다. 앞으로 파이로-SFR연구개발적정성검토위원회가 파이로프로세싱 연구결과에 대해 어떠한 결정을 내린다 해도 고준위방폐장 부지확보 대책수립에 혼선과 차질이 있어서는 안 될 것이다. 사용후핵연료 재처리! 우리나라 원자력계의 영원한 숙제이다. 그러나 국제사회가 우리나라를 핵연료재처리 국가로 허용해주지 않는 이상 우리나라의 고준위방사성 폐기물관리정책은 재처리(재활용)도 아닌, 관망(Wait and See)도 아닌, 심지층 영구처분방식을 채택할 수 밖에 없다는 사실을 직시해야할 것이다." (출처: 조성돈 前한국원자력환경공단 경영관리본부장 ,「사용후핵연료, 자원인가 폐기물인가」, 굿모닝경제, 2021.10.13.)

다. 현행 미국의 원자로 인허가조건인 초기 원자로 운전 40년과 이후 연장 운전 20년 허가는 최소 120년의 사용후핵연료의 안전한 보관이 가능하다는 의미입니다.[15] 아울러 NRC는 2013년 9월, 건식 저장 시스템이 100년마다 교체될 수 있다는 가정 하에 원자로의 허가된 수명 후 60년 동안 사용후핵연료 저장고에 저장하고, 이후 무기한 건식 캐스크에 저장하는 것이 가능하다는 제안된 규칙을 발표했지요.

미국의 원자력 산업단체인 원자력기구[NEI, Nuclear Energy Institute]는 최종 규칙에 대한 NRC의 결정을 높이 평가하며 "상업용 원자로에서 단기적으로 특수 설계된 연료 저장조에서, 그리고 더 긴 기간 동안 강철 및 콘크리트 저장 용기에서 안전하게 관리할 수 있다는 원자력 산업의 입장을 지지한다"고 주장했습니다.[16]

즉, 미국의 원자력규제기관인 NRC는 장시간의 과학적이고 전문적인 검토하에 사용후핵연료는 습식 및 건식 저장으로 무기한 건식 캐스크에 저장하는 것이 가능하다는 것을 규칙으로 발표한 것입니다. 이와 관련하여 NRC는 "원전 면허 소지자가 일정 기간 동안 사용후핵연료를 저장하는 것을 무조건적으로는 허가 또는 허용하지 않는다"고 밝혔습니다. 그 이유는 예를 들면 NRC가 캐스크를 심사 및 검사하여 인허가하고 라이선스 사용자가 시설을 유지하기 위한 적절한 노화 관리 프로그램 등을 갖추어야하기 때문이지요.

사용후핵연료 건식 저장은 아주 장기간의 해결책이 아니지만 향후 수백 년 동안 중간 전략으로서의 장점이 있습니다. 사용후핵연료가 건식 용기에서 오래 저장될수록 방사능과 열이 더 많이 제거되므로 궁극적으로의 사용후핵연료 처분이 보다 간단해지고 비용이 절감되는 것이지요. 참고로 원자력발전소의 사용후핵연료는 여러 가지 핵분열생성물로 인하여 사용후핵연료는 핵폭탄을 제조하는데 거의 쓸모가 없기 때문에 핵폭탄 직접 제조를 위한 테러의 염려는 거의 없습니다.

관련된 한 가지 질문은 건식 저장후 사용후핵연료를 재활용하거나[22] 단순히 영구적으로 저장할지 여부입니다. 프랑스 및 영국 등이 재활용이 가능하다는 것을 실증하였고 결과적으로 폐기물 문제를 줄였습니다. 재활용시 유리화된 폐기물은 적어도 수천 년 동안 안전하게 저장될 수 있고요. 또한 연소되지 않은 우라늄-235와 우라늄-238에서 생성된 플루토늄-239, 플루토늄-241 등을 원자로에서 재활용할 수 있기 때문에 핵연료 공급을 증가시킬 수 있습니다. 장기적으로는 고속로 등의 원자로에서 거의 모든 플루토늄 동위원소 및 다른 초우라늄 원소들을 태우게 할수도 있습니다.

사용후핵연료를 포함한 고준위방사성 폐기물을 인간과 환경으로부터 안전하게 격리하기 위한 현실적인 방안은 심지층 처분 시스템을 안전하게 건설, 운영, 폐쇄하는 것입니다. 스웨덴 SKB가 개발한 KBS-3 개념은 다중방벽시스템을 통해 안전성이 최대한 확보되도록 고안된 것이고요. 스웨덴과 프랑스의 경우 심지층 처분장이 폐쇄된 후에도 일정 기간 능동적 감시가 이루어집니다. 과연 어느 기간까지 제도적 관리에 의한 능동 감시를 수행해야 하는가는 국가별로 접근 방식이 다를 수 있지요. 사용

---

22 이와 관련한 전문가 한 사람의 견해: "파이로프로세싱은 사용후핵연료를 재처리하여 고독성 물질인 세슘(Cs), 스트론튬(Sr) 등을 분리 후 약 300년간 지하시설에 별도 보관하고, 플루토늄, 마이너악티나이드 등 초우라늄 물질(TRU)을 추출하여 고속로라는 신개념의 원자로에서 연료로 소진시켜 전기를 생산하는 기술이다. 이를 통해 사용후핵연료의 부피를 약 20 분의 1, 처분장 면적을 100 분의 1, 독성을 1,000 분의 1까지 줄이겠다고 한다. 만약 이런 놀라운 결과들이 검증이 되고 상용화된다면 전 지구적 딜레마인 사용후핵연료 처분대책에 획기적인 방안으로 떠오르게 될 것이다. ....넷째, 파이로프로세싱 공정을 통해 추출된 세슘과 스트론튬 등 고독성 물질을 약 300년간 어떻게 안전보관하며, 처분장을 확보할 것인가 하는 문제다. 현재 고준위방폐물 처분시설과 부지 확보대책을 볼 때 답이 없는 문제이다. 마지막으로, 현재 우리나라에서 기 발생된 사용후핵연료의 절반에 가까운 중수로(월성 1, 2, 3, 4호기)에서 발생되는 사용후핵연료는 파이로프로세싱 대상이 아니어서 사용후핵연료의 부피를 20 분의 1, 처분장 면적을 100 분의 1로 줄인다는 주장은 성립될 수 없다는 점이다." (출처: 조성돈 前한국원자력환경공단 경영관리본부장 , 「사용후핵연료, 자원인가 폐기물인가」, 굿모닝경제, 2021.10.13.)

후핵연료 영구 처분장에 대해 일정 기간 제도적 관리 기간을 설정해 능동 감시해야 한다는 점에 대해서는 모두가 동의하고 있습니다. 특히 미국의 경우 관련 NRC 규정에서 1만 년의 제도적 관리 기간을 설정해 이 기간 부지 내에서 능동적 감시를 규정하고 있고요.

이와 함께 스웨덴에서 고려하고 있는 또 하나의 관리 현안은 안전조치Safeguards 입니다. 사용후핵연료에 대한 관리가 소홀하면 테러분자들이 어느 시점에 감시가 느슨한 처분장 주변에서 굴착을 통해 일정 규모의 사용후핵연료를 회수해 방사능 오염폭탄Dirty Bomb 제조에 필요한 물질을 획득하는 것이 가능할 수도 있으므로 안전조치에 대한 고려도 필요한 것입니다.[14]

사용후핵연료 관리정책

    사용후핵연료가 정말로 위험하고 후손들에 항구적인 멍에가 될까요? 만일 그렇다면 사용후핵연료 처분장 부지 확보에 대한 해결책이 없기 때문일 것입니다. 이에 관한 저의 생각은 원자력안전 전문기관의 객관적이고 철저한 심사 및 검사 하에 사용자가 시설을 유지하기 위한 적절한 노화 관리 프로그램 등을 갖추면 미국의 원자력규제기관인 NRC가 발표했듯이 사용후핵연료를 포함하는 방사성 폐기물은 습식 및 건식 저장으로 안전하게 저장하는 것이 가능하다는 것입니다.

    이와 관련하여 우리나라의 사용후핵연료 현황을 우선 살펴보지요. 우리나라의 사용후핵연료 임시저장시설은 포화가 임박했으나 정부의 사용후핵연료 정책·제도적 준비에는 아쉬움이 있는 것 같네요. 즉, 표 17에서 볼 수 있듯이 국내 원전 사용후핵연료 임시저장시설은 월성원전부터 시작하여 순차적으로 포화될 것으로 전망됩니다. 이러한 상황이 오게 된 것은 사용후핵연료 안전한 관리는 피할 수 없는 과제이나 이를 해결하기 위한 준비가 부족했기 때문이라고 합니다. 가장 큰 이유는 사용후핵연료의 안전한 관리 방안에 대한 사회적 합의가 쉽지 않기 때문으로 보입니다.

표 17. 국내 원자력 시설별 사용후핵연료 저장량 및 포화율(2020년 말 기준).[18]

시설	저장용량(다발)	저장량(다발)	포화율(%)
고리	8,038	6,599	82.1
새울	1,560	296	18.9
한빛	9.017	6,566	72.8
한울	7,066	6,072	85.9
신월성	1,046	520	49.7
월성	489,952	474,176	96.7
하나로	1,032	512	49.6

사용후핵연료의 안전한 관리에 실질적 진척이 있는 해외의 경우를 살펴볼까요? 핀란드는 1983년부터 부지 선정에 착수하여 2001년에 올킬루오토 부지를 최종 선정하였습니다. 현재 지하 450m 암반에 위치하는 심지층 최종처분장 건설 완료 단계이며, 2025년경에 운영 개시가 예상된다고 합니다. 스웨덴의 경우는 1992년 부지 선정에 착수하여 2009년에 포스마크 부지를 최종 선정하였고요, 현재 건설허가 심사 단계라고 하네요. 주요 원자력 국가들의 사용후핵연료 관리에 대한 상세한 내용은 다음의 표에 담았습니다.

표 18. 사용후핵연료 관리정책 및 해당 국가.[18]

구분	해당 국가
직접처분 (10개국)	미국, 핀란드, 스웨덴, 스위스, 스페인, 캐나다, 독일, 루마니아, 슬로바키아, 대만
재처리 후 처분 (6개국)	프랑스, 일본, 러시아, 인도, 중국, 영국 (일본을 제외한 5개국은 핵무기보유국)
정책결정 유보 (18개국)	벨기에, 체코, 남아공, 한국, 아르헨티나, 아르메니아, 브라질, 불가리아, 헝가리, 이란, 이탈리아, 카자흐스탄, 리투아니아, 멕시코, 네덜란드, 파키스탄, 슬로베니아, 우크라이나

표 19. 주요국의 사용후핵연료 관리정책.[18]

국 가	사용후핵연료 관리정책
미 국	○ 정책: 직접처분 - 유카마운틴 고준위폐기물 처분장 건설 중단 - 블루리본위원회 권고사항을 바탕으로 국가전략 발표('13.1) ○ 소내/소외 독립저장시설 운영(건식)
영 국	○ 정책: 재처리 - 셀라필드 재처리시설 운영 ○ 재처리 시설 및 Wylfa 원전(건식) 내에서 중간저장
프랑스	○ 정책: 재처리 - 라하그 재처리 시설 내에서 중간저장
스웨덴	○정책: 직접처분 - 처분장 부지(포스마크) 확보 ○ 소외 중앙집중 중간저장시설(CLAB) 운영
핀란드	○ 정책: 직접처분 (지하 500 m) - 처분장 부지(올킬루오토) 확보 및 건설허가 취득('15.11) ○ 습식저장시설 운영(원전부지 내 독립시설)
일 본	○ 정책: 재처리 - 위탁(프랑스/영국) 및 자체 재처리(도카이 무라/로카쇼 무라) 병행 - 재처리 초과분 소내 건식저장 ○ 소외 중간저장시설 운영(무츠)
스위스	○ 정책: 직접처분('06.7월 프랑스/영국 위탁 재처리 중단) - 재처리 영구금지('18년 1월) ○ 소외 중간저장시설 운영(ZWILAG)
독 일	○ 정책: 직접처분('05.7월 프랑스/영국 위탁 재처리 중단) ○ 소외 중간저장시설 운영(Ahaus, Gorleben, Greifswald 등)
벨기에	○ 정책: 미정('01년, 프랑스 위탁 재처리 중단) - 관리정책 재결정시까지 50년 이상 장기저장(소내) 전망
캐나다	○ 정책: 직접처분(지하 500~1,000 m, 재활용 가능옵션 포함) ○ 소내 별도 건식저장시설 운영
스페인	○ 정책: 직접처분 ○ 소내/소외 건식저장 병행
러시아	○ 정책: 재처리/직접처분(원자로형별 상이) ○ 재처리시설 내 중간저장 및 집중식 중간저장시설(MCC) 운영

표 20. 주요국의 발전소 내부/외부 사용후핵연료 저장시설.[18]

구 분	국 가	시 설 명	운영기간	비 고
소외 (집중 식)	일 본	무츠 중간저장시설	50년	
	스페인	ATC 중간저장시설	60년	건설 중
	스웨덴	CLAB 중간저장시설	60년	연료는 40년 저장 후 최종처분장으로 이송
	독 일	Ahaus 중간저장시설	40년	
소내	미 국	소내 독립저장시설	40년	최장 40년 추가연장 가능(인허가 갱신)1)
	캐나다	소내 건식저장시설	50년	

※ 미국 원자력규제위원회는 사용후핵연료를 최소 120여 년간 안전하게 저장할 수 있다고 밝히고 있으며, 300년 정도 장기저장 기술을 개발 중임.

사용후핵연료 관리는 국민 안전과 직결되고 장기적인 정책 추진이 요구되는 사안이므로 원전 사업자와 특정 지역만의 현안이 아니라 국가 전체의 책무로 인식할 필요가 있습니다. 이와 관련하여 2021년 4월 정부의 「사용후핵연료 관리정책 재검토위원회」가 사용후핵연료 관리정책에 대한 권고안을 정부에 제출하였습니다. 이와 관련한 우리나라의 고준위 방사성 폐기물 관리 기본계획을 살펴볼까요?

우리나라의 고준위 방사성 폐기물 관리 기본계획은 방폐물 관리법 제6조에 따라 고준위 방폐물의 안전한 관리를 위해 5년마다 수립하는 법정 계획입니다. 제1차 기본계획은 제6차 원자력진흥위원회가 수립하여 2016년 7월 의결하였습니다.

2021년 12월 27일 제10차 원자력진흥위원회가 의결한 정부의 제2차 기본계획 수립을 위해 「사용후핵연료 관리정책 재검토위원회」가 21개월간 일반 국민, 원전지역 주민, 관련 전문가를 대상으로의 의견수렴후, 2021년 4월 정부에 권고안을 제출하였습니다. 정부는 이러한 재검토위원회 권고안을 토대로 전문가 워킹그룹과 이해관계자 간담회, 행정예고,

관련 학회 간담회, 토론회 등을 거쳐 우리나라의 제2차 고준위 방사성 폐기물 관리 기본계획(부록 1)을 마련하였습니다. 그 자세한 내용과 의미는 아래와 같습니다.

표 21. 주요국 사용후핵연료의 영구처분 추진 현황.[18]

국가명	타당성연구 및 부지조사 착수	부지 선정	URL 건설착수	건설허가 신청	건설허가 발급	건설허가 신청까지의 기간(년)	건설 착수	운영 예정기간 (년)
핀란드	1983	2000	2004	2012	2015	29	2016	100
프랑스	1991	1998	2000	(2021)		30	(2022)	100
스웨덴	1976	2009	1990 (Aspo)	2011		34	('20년대 초반)	45
미 국 Yucca	1982	1987	1993 (탐색연구시설)	2008		28	(2048)	100
중 국	1985	2018	2020			50	(2041)	
캐나다	1978	(2023)	1982 (AECL)	(2028)	(2032)	46		> 40
독 일	1965	(2031)	1986 (Gorleben)					
스위스	1978	(2022)	1984(Grimsel) 1996(Mont Terri)	(2024)	(2031)			~30
일 본	1976	(2027)	2002					~50

주) 괄호 안의 연도는 예정년도임.

※핀란드의 ONKALO 심층처분장(직접 처분)은 건설 완료 단계로서, 조만간 운영허가를 신청하고, 2020년대 중반에 운영을 개시할 계획.

※스웨덴의 Forsmark 심층처분장(직접 처분)은 2011년 건설허가를 신청하여 현재 심사 완료 단계.

※프랑스는 고준위 재처리폐기물과 중준위폐기물에 대한 심층처분장 개념을 수립하고, 광범위한 공청회를 거친 후 상세설계 마무리 단계.

□ 사회적 합의 절차를 통해 부지 시설 확보

  ○ 고준위 방폐물 관리시설(영구처분시설, 중간저장시설) 부지선정 과정에 적용되는 의견수렴 절차 강화

  -기초지자체는 사전에 지역주민과 지방의회의 의견을 듣고, 필요시 인근지역과 협의한 후 부지적합성 조사를 신청할 수 있으며, 조사 결과 타당성이 확인된 경우 최종 부지로 결정하기에 앞서 주민투표 실시

  ○ 부지선정 절차를 13년 내에 마무리한 후, 7년 안에 해당부지에 중간저장시설을 건설할 계획. 중간저장시설 건설과 병행하여 영구처분을 위한 지하연구시설 건설과 실증연구를 14년 동안 수행한 후, 10년 안에 영구처분시설을 확보.

  *부지선정절차 착수 이후 20년내 중간저장시설 확보, 37년내 영구처분시설 확보

  ○ 원전 부지내 사용후핵연료 저장시설은 설치가 필요할 경우에는 원전 주변지역 주민의 의견을 수렴하고, 합리적인 수준으로 지원

  -중간저장시설이 운영되면 보관 중인 사용후핵연료를 지체 없이 반출하고, 원전지역 간 사용후핵연료 이동은 제한된다는 점을 명확히 함으로써 동 시설의 한시적인 성격도 분명히 함(※ 고리, 월성, 영광, 울진의 4개 원전 부지에 임시 보관)

  *특정 원전지역에 설치된 저장시설에 他지역 사용후핵연료 이동 보관을 제한

□ 특별법 제정과 독립적 전담조직 신설

  ○ 기본계획의 추진동력을 확보하고, 관리정책의 세부 내용을 법령의 형태로 국민에게 사전에 투명하게 공개하기 위해 특별법 제정 추진

  ○ 다양한 이해관계를 균형되게 고려하며, 장기적 관점에서 일관성과

전문성에 기반한 관리정책을 펼쳐나갈 수 있도록 독립적인 전담조직
신설

□ 유치지역 지원
　○ 범정부적인 역량 지원을 위해 국무총리가 주재하고, 관계부처와
　　유치지역 등이 참여하는 (가칭)유치지역 지원위원회 신설

　사용후핵연료 관리정책의 핵심은 사용후핵연료 관리에 대한 구체적
인 일정과 이행 절차 등을 국민적 공감 하에 여야 합의로 법제화하여 국
가차원에서 일관성 있게 정책을 추진하는 것입니다. 법제화 대상은 사용
후핵연료 저장·운반·처분 등에 관한 것이고요. 이와 관련하여 각 원전
의 임박한 사용후핵연료 저장용량 포화에 대비하여 부지 내 임시저장시
설을 적기 확보하는 것이 우선 필요해 보입니다.
　미국, 일본, 프랑스, 핀란드의 사용후핵연료 관리 현황은 '더 알아보
기'에서 상세히 다루어 보았습니다.

[더 알아보기] 주요국 사용후핵연료 관리 현황[19]

1. 미국

□ 미국에서 가동 중인 대부분의 원전에서는 원전 부지에 위치한 독립저장시설에 사용후 핵연료를 보관하고 있음.

- 2016년말 기준 미국에서는 총 77,900톤의 사용후핵연료가 배출되었고, 이 중 27,000톤은 원전 부지 내건식 저장시설에 저장되어 있음.

□ 미국에서 사용하는 건식저장 방식에는 크게 2가지가 있음.

- 첫 번째는 건식 캐스크를 방사선 유출을 차단하고 외부 충격으로부터 보호하기 위해 만들어진 지층 콘크리트 시설에 보관하는 방식임.
- 다른 하나는 원전 부지에 마련된 콘크리트 패드 위에 캐니스터를 수직으로 세운 뒤 방사선 차단을 위해 금속과 콘크리트로 만들어진 오버팩이라 불리는 컨테이너로 캐니스터를 덮는 방식임.

□ 1977년 사용후핵연료 재처리에 대한 유예를 발표하였고 해당 유예의 효력은 1981년에 소멸되었음. 그러나 이후 미국에서 사용후핵연료 재처리 작업이 진행된 적은 없음.

□ 방사성 폐기물 처리 전문 기업인 Waste Control Specialists社는 2016년 4월 Texas州 Andrews County에 최대 4만톤의 사용 후 연료를 저장할 수 있는 사용후핵연료 중앙 중간저장시설Consolidated Interim Storage Facility건설 신청을 하였음.

- 1년 후 Holtec International社는 New Mexico州 Lea County에 최대 10만 톤의 사용후핵연료를 보관할 수 있는 중앙 중간저장시설 건설 신청을 NRC에 제출함.

2. 일본

□ 일본에서는 대부분의 원전이 별도의 저장시설을 보유하지 않은 채 원자로 격납건물 내 수조에 사용후핵연료를 보관하고 있으며, 저장 공간이 포화상태에 이르고 있어 대책마련이 시급한 상황임.
- 대부분의 원전에서 저장공간 확대를 위해 원자로 간 수조를 공용으로 사용하거나(공용화), 조밀화^{reracking}, 저장 수조를 증설 등의 노력을 기울이고 있음.
- 또한 건식캐스크를 설치하여 반출하려는 계획을 추진 중임.

□ 소내 저장시설을 보유하고 있는 원전은 후쿠시마 제1원전과 도카이제2원전임.
- 후쿠시마 제1원전에서는 1990년대 중반부터 소내에 습식저장시설과 건식저장시설을 설치하여 운영중에 있음.
- 도카이 제2원전에서는 2001년부터 건식저장시설을 운영하고 있음.

□ 롯카쇼 재처리 공장에서도 사용후핵연료를 습식 형태로 저장하고 있음.
- 1999년부터 사용후핵연료 저장을 시작했으며, 2018년 5월 기준 약 2,968톤U의 사용후핵연료를 저장중임. 수용용량은 3,000톤U임.
- 롯카쇼 재처리 공장은 신규제 기준에 대한 적합성 심사 중이며, 준공 목표는 2022년 상반기임.

□ 소외 저장시설로 아오모리현 무쓰시에서 중간저장시설이 건설 중에 있음.

- 무쓰 중간저장시설은 건식저장시설이며, 도쿄전력과 일본원자력발전의 사용후핵연료만 저장하는 곳으로 2018년 하반기에 운영을 시작할 예정이었으나, 2018년 6월 운영사인 RFS는 규제위원회의 심사 지연으로 조업이 연기될 것이라 밝혔음.

□ 일본 정부는 포화가 임박한 사용후핵연료 저장 시설의 문제를 인식하고 관련 대책을 강구하고 있음.

- 2015년 10월, 일본은 '최종처분 관계 내각회의'에서 '사용후핵연료 대책에 관한 액션플랜'을 책정했음. 이에 따르면 지역에서 사용후핵연료에 대한 교부금 제도가 재검토되고, 건식저장시설 설치를 장려함. 더불어 사용후핵연료를 2020년까지 4,000톤, 2030년까지 6,000톤 저장할 수 있도록 대책을 강화하겠다고 밝힘.

- 플랜을 바탕으로 각 전력회사에서 대책을 수립하였음. 도쿄전력과 일본원자력발전이 무쓰 중간저장 시설에 3,000톤, 주부전력이 부지 내 건식저장시설에 400톤, 간사이전력이 후쿠이현 외 중간저장시설에 2,000톤, 시코쿠전력이 부지 내 500톤의 건식저장시설 설치를 신청 중에 있음.

3. 프랑스

□ 프랑스는 La Hague 재처리시설에서 사용후핵연료를 재처리하고 있으며, 이 시설에 사용후핵연료를 습식으로 보관하고 있음.

- 사용후핵연료는 각 원전 내 수조에서 냉각된 후, Areva NC社가 운영하는 La Hague 시설로 이송됨. 몇 년 후에 사용후핵연료는 고준위폐기물에서 재사용이 가능한 물질을 분리하기 위해 용해 및

유리화됨. 플루토늄은 MOX 연료로 재활용되고, 우라늄은 재농축 후 연료로 재활용됨.

- 현재 1개의 재처리 시설(La Hague 시설) 및 1개의 MOX 연료 가공 시설(MELOX 시설)이 있음.

- EDF社가 가동 중인 58기의 원자로 가운데 22기는 MOX 연료(연료집합체의 최대 1/3)로 운영되도록 허가되었고, 4기의 원자로는 처리 및 재농축된 우라늄으로 구성된 연료집합체만으로 운영되도록 허가 절차가 진행되고 있음.

- La Hague 시설은 사용후핵연료의 수용 및 중간 저장, 전단가공 및 분해(shearing 및 dissolution), 핵분열생성물의 화학적 분리, 우라늄과 플루토늄의 최종 정화, 유출물 처리 시설을 포함하고 있음.

- La Hague 시설의 경우 허가된 용량은 총 17,600 미터톤이며, 다음과 같이 나누어짐.

- 프랑스에서 저장된 사용후핵연료의 대부분은 주로 가압수형원자로(PWR) 및 비등수형원자로(BWR)(산화 우라늄 또는 MOX 연료로 사용함)에서, 연구로에서도 부수적으로 발생함.

□ 프랑스는 인접 국가들에서 발생한 사용후핵연료에 대한 재처리도 하고 있으며, 이에 따라 La Hague 시설에는 인접국의 사용후핵연료도 보관되어 있음.

- 과거에 벨기에, 네덜란드, 스위스, 프랑스(EDF社) 등은 Areva社에 위탁하여 사용후핵연료를 재처리하였으며, 그 결과 발생한 우라늄을 재활용하였음. 이에 프랑스는 외국에서 발생한 사용후핵연료도 일부 보관하고 있음.

4. 핀란드

□ 핀란드 원전에서 발생한 사용후핵연료는 최종 처분되기 전까지 각 원전 부지에 저장됨. 사용후핵연료는 부지내 저장조에서 30~50년 동안 저장되었다가 Olkiluoto 최종 처분장으로 이송될 예정임.

• Loviisa 원전과 Olkiluoto 원전에서 발생한 사용후핵연료는 몇 년 간 원자로 건물 내 저장조에서 냉각된 후 1987년부터 운영을 시 작한 소내^{on-site} 중간저장시설(대략 1,200 톤 규모)로 이송됨. 해당 시설에서 사용후핵연료는 약 40년간 저장됨.

　-Loviisa 원전의 중간저장시설은 기존의 핵연료 저장대(fuel rack)를 조밀 저장대^{density rack}로 교체해 저장용량이 증가하였음. 해당 시설 의 저장용량은 1,100톤 규모로, 계획된 50년의 설계수명기간 동 안 발생되는 사용후핵연료를 수용하는데 충분한 용량임.

　-Olkiluoto 중간저장시설의 저장용량 확장 프로젝트는 2009년에 시작되었고, 2014년 말에 가동 검사가 진행되었음. 2013년 해당 시설의 저장용량 확장을 위한 승인신청서가 STUK에 제출되었 고, 2015년 STUK가 이를 승인하였음.

• 신규 원전 건설을 추진하는 Fennovoima社도 사용후핵연료 중간 저장시설을 건설할 계획으로, 2015년 6월 해당 시설 건설허가서 를 신청함. 2016년 여름에 Hanhikivi 1호기의 중간저장을 위한 옵 션으로 습식 저장 방식이 채택됨. Fennovoima社는 2024년에 Hanhikivi 1호기가 상업운전을 개시하는 시점에서 중간저장시설 을 건설할 계획임. 同 원자로에서 제거되는 최초 핵연료집합체는 2090년대에 최종 처분이 시작되기 전까지 대략 70년 동안 중간 저장될 것으로 추정됨.

다섯째
:
우리나라의 미래 에너지 이야기

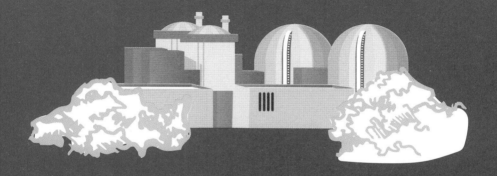

2050 탄소중립

　매년 느끼는 것이지만, 유독 더운 날들이 늘어난 것 같습니다. 여름이야 원래 더운 계절이라지만, 지나치게 더운 폭염이 지속되는 것은 심상치 않습니다. 이런 극단 고온 현상이 2050년까지 7배는 더 증가할 것으로 예측하는 조사(스위스의 대기과학연구소)가 있는데, 이러한 기후위기에는 다양한 원인이 있습니다. 그 중 주 원인으로 꼽히는 것이 인간 활동으로 인한 온실가스 배출입니다. 이에 대응하기 위한 개념이 바로 탄소중립이지요.

　탄소중립은 인간 활동에 의한 온실가스 배출을 최대한 줄이고, 인간 활동으로 대기중에 탄소를 배출하는 만큼 그에 상응하는 조치를 취하여 실질 배출량을 '0'으로 만든 것을 말합니다. 여기서 말한 상응하는 조치는 대기로 배출한 탄소를 산림 등을 통해 흡수시키거나 탄소 포집 기술 등을 통해 대기중에 배출된 탄소를 제거하는 것이지요. 즉, 배출되는 탄소와 흡수되는 탄소량을 같게 하여 탄소의 순배출량을 0으로 만드는 것으로 "Net Zero"라고도 말합니다.

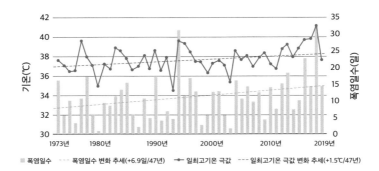

연도별 폭염 발생 빈도와 강도(1973~2019)

■ 폭염일수   ---폭염일수 변화 추세(+6.9일/47년)   ——일최고기온 극값   ---일최고기온 극값 변화 추세(+1.5℃/47년)

출처: 한국환경정책·평가연구원(2020)에서 재인용

그림 52. 연도별 폭염 발생 빈도와 강도(1973~2019년).

　　우리나라 정부는 사회·경제·기후 위기에 대응하고 더 나아가 대한
민국의 새로운 미래를 설계하기 위해 디지털과 친환경·저탄소를 두 축
으로 하는 한국판 뉴딜을 2020년 7월 발표하였습니다. 이후 정부는 탄소
중립은 피할 수 없는 길이자 가야만 하는 길이라는 지구공동체 의식 아
래 "2050 탄소중립"을 2020년 12월 선언하였지요. 저도 탄소중립은 우
리가 가야 하는 길이라고 생각합니다.

　　정부는 2021년 10월 이러한 대한민국의 탄소중립 실현을 위한 2050
탄소중립 시나리오 및 2030 국가 온실가스 감축목표Nationally Determined
Contribution, NDC 상향을 발표하였습니다. 이에 대한 구체적인 내용의 핵심은
2050년까지 탄소중립을 실현하고 그 중간단계로 2030년까지 2018년 대
비 탄소 배출을 40% 감축하는 것이지요.

　　정부가 2021년 10월 국무회의에서 '2050 탄소중립 시나리오와 2030
국가 온실가스 감축목표'를 심의하고 확정한 이후 공표한 "2050 탄소중

립을 위한 이정표 마련"의 의의를 가진 2050 탄소중립에 대한 구체적인 내용은 무엇일까요? 한 마디로 요약하면 2050년 우리나라 탄소 순배출량 0이 되는 2개의 시나리오를 마련한 것이지요.

2050 탄소중립 시나리오의 핵심 내용은 '화력발전 전면 중단 등 배출 자체를 최대한 줄이는 A안'과 '화력발전을 일부 유지하는 대신 이산화탄소 포집 및 활용·저장CCUS 등 제거기술을 적극 활용하는 B안'입니다. 정부는 해당 시나리오를 고려하여 에너지, 산업, 수송, 순환경제 등 부문별 정책방향을 수립하게 된다고 합니다. 보다 자세한 내용을 '더 알아보기'에서 요약 및 정리하였습니다.

[더 알아보기] 2050 탄소중립 시나리오

□ (의의) 2050 탄소중립 시나리오는 2050년 탄소중립을 달성하게 되는 미래상을 전망하고, 이를 통해 전력·산업·건물·수송 등 주요 부문별 정책 방향을 제시하였다.

□ (개관) 2050 탄소중립 시나리오는 화력발전 전면 중단 등 배출 자체를 최대한 줄이는 A안, 액화천연가스(LNG) 발전이 잔존하는 대신 이산화탄소포집·이용·저장기술(CCUS) 등 온실가스 제거기술을 적극 활용하는 B안으로 구성되었으며, A안·B안 모두 2050년 온실가스 순배출량은 '0'이다.

□ 각 부문별 주요 내용
○ 전력 부문은 A, B안 모두 석탄발전 중단과 재생에너지의 발전비중을 대폭 상향
-A안은 액화천연가스(LNG) 발전 등을 포함한 화력발전을 전면 중단하여 이산화탄소 등 온실가스를 배출하지 않으면서 필요한 전력을 모두 생산
-B안은 LNG 발전이 잔존하는 대신 CCUS 등 제거기술을 적극 활용

○ 수소 부문은 27.4~27.9백만 톤 수요를 예상하며, 국내 생산수소를 100% 그린 수소(A안), 일부 추출 수소 또는 부생 수소 공급(B안)

○ 산업 부문에서는 철강 공정의 수소환원제철 도입, 시멘트·석유·화학·정유 과정에 투입되는 화석 연·원료를 재생 연·원료로 전환

○ 수송 부문은 대중교통 이용 확대를 통해 승용차 통행량의 감소와 함께 무공해차 보급 확대(A안 97% 이상, B안 85% 이상), 대중교통 및 개인 모빌리티 이용 확대

○ 농축수산 부문은 저탄소 영농법 확대(논물 관리방식 개선, 질소질 비료 저감), 가축분뇨 자원순환 확대 및 저탄소 가축관리시스템 구축

○ 탄소포집·이용·저장기술(CCUS)은 A안 55.1백만톤 처리, B안 84.6백만톤 처리(부문별 배출량 차이에 따라 CCUS 처리량 차이)

□ 이러한 주요 부문의 배출량 감축과 함께, 탄소포집·이용·저장기술(CCUS)의 활용, 흡수원 확대 등으로 2050년 온실가스 순 배출량이 '0'으로 된다고 한다.

[더 알아보기] 2050 탄소중립 시나리오 최종(안) 총괄표

단위: 백만톤CO_2

구분	부문	'18년	최종본 A안	최종본 B안	비고
배출량		686.3	0	0	
배출	전환(전력)	269.6	0	20.7	(A안) 화력발전 전면중단 (B안) 화력발전 중 LNG 일부 잔존 가정
	산업	260.5	**51.1**	**51.1**	
	건물	52.1	**6.2**	**6.2**	
	수송	98.1	**2.8**	**9.2**	(A안) 도로부문 전기·수소차 등으로 전면 전환 (B안) 도로부문 내연기관차의 대체연료(e-fuel 등) 사용 가정
	농축수산	24.7	**15.4**	**15.4**	
	폐기물	17.1	**4.4**	**4.4**	
	수소	-	**0**	**9**	(A안) 국내생산수소 전량 수전해 수소(그린 수소)로 공급 (B안) 국내생산수소 일부 부생·추출 수소로 공급
	탈루	5.6	**0.5**	**1.3**	
흡수 및 제거	흡수원	-41.3	**-25.3**	**-25.3**	
	이산화탄소 포집 및 활용·저장(CCUS)	-	**-55.1**	**-84.6**	
	직접공기포집(DAC)	-	**-**	**-7.4**	포집 탄소는 차량용 대체연료로 활용 가정

* 시나리오 간 내용이 상이한 부문은 볼드체로 표시

무탄소 재생에너지와 원자력

재생에너지로도 알려진, 정확하게 말하자면 재생가능에너지^{再生可能} energy, renewable energy는 재생 가능한 자원, 즉, 햇빛(태양), 바람(풍력), 비, 조수(조력), 파도, 지열과 같이 시간이 지나면서 자연적으로 보충되는, 재생 가능한 자원으로부터 수집된 에너지입니다. 그 밖에도 수력, 생물자원(바이오매스) 등이 있을 수 있지요. 재생에너지의 종류는 이처럼 다양하지만, 대부분은 태양으로부터 온 것입니다. 이들 중 재료 수급, 기기 제작, 수송, 건설 과정이 아닌 발전 중에 탄소를 직접 배출하지 않는 재생에너지는 태양력, 풍력, 조력, 지열, 수력입니다. 이외에도 수소에너지와 수소를 이용한 연료전지도 발전 중에 탄소를 직접 배출하지 않고요.

바람은 공기가 태양에너지를 받아서 움직이기 때문에 생기고 물의 흐름도 햇빛을 받아 증발한 수증기가 비가 되어서 내려오기 때문에 생깁니다. 파도나 해류도 바닷물이 햇빛을 받아 온도 차가 일어나기 때문에 생기지요. 식물의 화합물(탄수화물)도 광합성을 통해서 만들어지는 것으로 태양에너지가 변형된 것이고요.

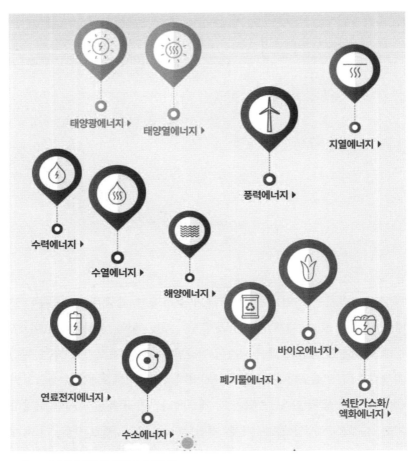

그림 53. 재생에너지(출처: 한국에너지공단).

　기후변화 문제의 심화와 화석연료의 고갈 등으로 재생 가능 에너지의
중요성과 비중은 점차 증가하고 있지요. 지구상에 존재하는 재생 가능
에너지의 대부분이 태양에너지의 변형이기 때문에 그 양도 한정되어 있
습니다. 우리가 하루에 사용할 수 있는 재생 가능 에너지의 양은 하루 동
안 지구로 들어오는 태양에너지의 양을 넘지 못하지요. 그러므로 재생에

너지를 적극적으로 개발해서 사용한다고 해도 우리가 무한한 에너지를 얻을 수 있는 것은 아닙니다. 물론 현재 전 세계가 사용하는 모든 전기에너지를 합해도 지구 전체 지표면으로 들어오는 태양에너지의 1/19,600에 불과하기는 하지요. 아울러 전 세계가 사용하는 모든 에너지를 합해도 지구 전체 지표면으로 들어오는 태양에너지의 1/2,760에 불과할 뿐입니다.[23]

2030 국가 온실가스 감축목표[NDC]와 2050 탄소중립 시나리오는 정부의 원전감축정책인 신규원전 건설 중단과 가동원전 운전기간 연장 불허를 전제로 수립된 것으로 보입니다. 우리나라의 탄소중립 계획은 태양광을 2050년까지 약 500GW으로 2020년 용량 대비 약 30배로 대폭 확대하지만, 개발 중인 신기술을 기대하여 작성되었다는 의견이 있습니다. 보장되어 있지 않다는 말이지요. 정부의 2050 탄소중립 시나리오를 구현하려면 온실가스 배출량에 대한 연간 감축률이 4.17%이어야 하는데 이는 선진국의 약 2배 수준이라고 합니다. 아울러 현재의 원자력발전량보다 훨씬 많은 전기를 수소 · 암모니아 발전으로 공급할 계획이고요. 참고로 간헐성 재생에너지인 태양광과 풍력 비중이 높아지면 전력 공급의 안정성이 크게 저하되므로 대규모 에너지저장시설[Energy Storage System, ESS] 및 보조전원설비 설치가 필수적입니다. 현재 간헐성 재생 비중이 높은 국가인 영국, 스페인, 독일 등에서는 이미 에너지 공급 불안정 문제가 발생하기도 한다고 합니다.

이에 따라 에너지 그리드[24]를 서로 쉽게 적용시킬 수 있는 유럽과 달리 전력망이 고립된 우리나라는 무탄소 에너지인 원자력과 재생에너지

---

23 지표면에 도달하는 태양에너지는 약 1.25×10^{14} kW, 2019년도의 전 세계 전력과 에너지 소비량은 약 23,000 TWh과 약 14,000 Mtoe 임.

24 발전소부터 송배전을 거쳐 수요자에게까지 전력이 공급되는 체계적인 전력망을 의미함.

가 함께하는 에너지믹스 추진을 고민하는 것이 더 좋지 않을까요? 우리나라의 안전성, 공급안정성, 경제성 등에 관한 고유 환경을 고려하여 원자력과 재생 에너지가 배합된 최적의 에너지믹스^{Energy Mix} 전략을 수립하여 추진하자는 것이지요. 원자력과 재생에너지를 양 날개로 하되, 재생에너지 확대에 대비한 전력 인프라 개선 및 청정발전 신기술 개발 병행하자는 것입니다. 이때 에너지원별 최종 비중은 상세 시나리오 분석을 통해 결정하고요. 여기에는 안정적이고 경제적인 전력 공급과 경제적인 청정수소 생산을 위해 원자력의 역할도 필요하다는 전제가 있습니다. 국제에너지기구, 유엔유럽경제위원회 등 국제기구와 에너지 다소비국 대부분(중국, 미국, 인도, 러시아, 일본, 프랑스 등)이 원자력 역할을 인정한다는 소식이 들려옵니다. 우리나라도 엄격한 안전성 평가를 전제로 가동원전 계속운전, 대형 원전 신규 건설 및 소형모듈원자로(SMR) 개발하고 건설하는 것을 모두가 고민하는 것이 필요하지 않을까요?

이와 관련하여 참고로 원자력계에서는 "탄소중립을 위해 원자력 에너지의 이용이 불가피함을 인식해 주시기 바랍니다. 탄소중립의 핵심 수단은 에너지 이용의 전기화와 무탄소 에너지를 이용한 전기 생산입니다. 우리가 가지고 있는 무탄소 에너지원은 재생과 원자력 에너지가 전부입니다"라고 주장하고 있습니다. 이와 관련한 원자력계의 구체적인 제안은 '더 알아보기'를 참고하시길 바랍니다.

책 뒤에 실린 부록 2는 원자력에 의한 청정수소 공급에 관한 구체적인 내용으로, 독자님들의 편의를 위하여 주요 내용을 다음과 같이 요약해 보았습니다.

가. 수소경제 관련 국내외 동향

○ 해외 주요국은 수소생산과정에서 탄소배출 없는 청정수소 중심의 로드맵을 발표함

-EU 및 유럽 주요국과 호주 등은 청정수소 중심의 수소경제 전략 발표: 10년 내 청정수소 설비 규모가 약 100~200배 성장하여 20~40GW 규모의 생산

-미국 바이든 행정부는 청정에너지 계획 공약(2020.07)으로 청정수소 사용 확대와 수전해 등을 활용한 청정수소 생산 추진 계획 발표

○ 우리나라는 2019년 수소경제 활성화 로드맵을 통해 수소경제 선도국가 계획을 발표함

나. 원자력 이용 수소생산 기술

□ 원자력을 이용한 수소생산 기술 개요

○(경수로 이용) 원자력발전소에서 생산한 저렴한 전기를 사용하거나, 전기와 열을 함께 사용하여 수소를 생산

○(초고온가스로(VHTR) 이용) 초고온가스로의 초고온열을 수소생산 공정에 사용하여 효율을 향상

다. 원자력 활용 수소생산 기술개발 현황

○(미국) 단기적으로 가동원전을 이용한 수소생산 실증을 지원하고, 장기적으로는 더 경제적인 수소생산에 활용할 수 있는 초고온가스

로의 개발 및 실증을 추진함

○ (프랑스) 정부가 70억 유로 규모의 원자력에너지를 포함한 청정수소 생산 정책을 2020년 9월에 발표하였고, 원전 운영사인 EDF는 영국의 가동원전을 이용한 수소생산 기술 개발과 사업화를 추진 중임

○ (영국) 수소전략보고서(2021.8)를 발표하여 2030년까지 5GW 규모의 저탄소 수소생산설비 확보하는 데 원자력을 최대한 활용할 예정임

○ (러시아) 러시아 정부는 2024년까지 ROSATOM의 원자력수소가 포함된 수소에너지 개발 계획을 승인함
- 단기적으로 경수로 잉여전력을 활용한 수전해 생산 기술 개발
- 장기적으로 초고온가스로의 열에너지와 탄소포집을 사용한 LNG 개질 기술 개발

○ (일본) 1969년에 초고온가스로 개발을 착수하였으며, 2010년에 세계 최초로 초고온시험로(출구온도 950℃)의 50일 연속운전에 성공
- 2030년까지 초고온가스시험로와 LNG 개질 공정을 연계한 수소생산 실증 연구 수행
- 초고온시험로와 SI 열화학공정을 연계한 수소생산 실증은 장기적인 연구개발로 2040년까지 완료할 계획

○ (중국) 2021년 8월에 세계 최초로 초고온가스로 HTR-PM 운영허가를 획득
- 수소 생산에 적용성을 실증하기 위해 원자로 출구온도를 기존 750℃에서 950℃로 높이는 연구를 수행 중

- 칭화대, CNNC, 철강산업체는 철강 제조 분야에 활용할 수 있는 원자력 수소 생산 기술 개발 협력을 추진 중

○ (한국) 2004년부터 한국원자력연구원을 중심으로 초고온가스로를 활용한 물 분해 수소생산 기술을 개발해 옴
- 2006년부터 원자력수소핵심기술 개발을 수행하여 원자력수소의 주요 핵심 기술을 확보하고, 수소 생산을 위한 SI 열화학공정의 연속운전 가능성을 확인
- 2020년부터 초고온시스템 핵심기술 과제를 수행하여 수소생산에 활용 가능한 초고온시스템 성능평가 기술, 재료성능 검증 기술, 고온 수전해 연계기술을 개발하고 있고 2024년에 완료 예정

[더 알아보기] 원자력 청정수소 공급으로 탄소중립 및 수소경제 달성[18]

【현황】원자력 청정수소 생산

□ 원자력은 유망한 청정수소 생산수단으로 평가되어 다양한 기술 개발 중

○ 상온 수전해 방식인 경우, 재생에너지의 수소 생산단가는 약 8,000원/kg, 원자력은 약 3,800원/kg 수준임

   – 증기발생기 증기를 활용한 고온 수전해 방식은 상온 수전해보다 생산효율이 30% 향상(외국에서 실증 중)

○ 초고온가스로를 이용하면 수소 생산효율을 더 향상시킬 수 있으므로, 일·중·미 등에서 관련 기술 개발에 적극 투자 중

□ 수소경제활성화로드맵(2019), 2050 탄소중립시나리오(2021) 등에서는 청정수소 소요량 대부분을 수입에 의존하고, 원자력 이용 수소 생산은 배제

○ 재생에너지를 이용한 청정수소 생산량은 국내 수요의 20% 이하로 계획하여 국내 수소 소요량 대부분을 수입해야 하는 상황

○ 이용률이 낮은 재생에너지를 활용한 수소 생산은 경제성 확보가 어려움

   – 2050 탄소중립 시나리오 A안에 따라 550만 톤의 수소를 저온 수전해 방식으로 생산하기 위해서는 약 200GW의 태양광(이용률 15% 가정) 또는 약 35GW의 원자력(이용률 85% 가정) 발전설비 필요

○ 매년 2,000만 톤 이상의 청정수소를 외국에서 수입해야 하는 경우

에너지 안보 위기 초래

【제안】원자력을 청정수소 생산을 위한 핵심 수단으로 활용

ㅁ 탄소배출이 없는 원자력을 청정수소 생산수단으로 인정하고 국가
에너지정책에 반영하여 2050년 탄소중립과 수소경제에 기여

○ 원자력과 잉여 재생전력(특히, 태양광)으로 청정수소의 대부분을
공급하는 전략 수립

○ 원자력의 높은 이용률과 안정된 전기공급으로 수소 생산의 경제성
확보

○ 청정에너지 생산국의 지위를 확보하여 수소경제 선도국의 역할 수행

ㅁ 원자력 청정수소 생산기술 개발 및 실증으로 청정수소의 50% 이
상 공급

※탄소중립위원회에서 예측한 2050년 수소 소요량 2,750만톤을 저
온 수전해로 공급하기 위한 태양광, 육상풍력, 원자력발전시설용
량은 각각 900GW, 610GW, 170GW 수준

○ 단기적으로 가동원전을 활용한 상온 및 고온 수전해 방법 실증

 - 가동원전의 계속운전과 연계할 경우 청정수소를 경제적이고 안
정적으로 공급 가능

○ 중기적으로 소형모듈원전을 활용하여 수요지 인접지역에서 청정
수소 생산

 - 수소 수송 및 저장 비용의 획기적 절감으로 수소 이용 산업의 경
쟁력 제고

○ 장기적으로 초고온가스로 등 혁신형 원전을 활용한 청정수소 생산
기술 확보

가동원전 계속운전

1988년 이후 세계의 원자력발전 설비용량의 증가율이 완만해졌지만 줄지는 않고 있습니다(1장 참조). 신규 원전 건설 둔화에도 불구하고 세계의 원자력발전 설비용량이 감소하지 않는 이유가 무엇일까요? 그것은 세계의 대부분 가동원전이 설계수명이 넘었다고 무조건 폐로廢爐시키지 않고 '계속운전'을 하고 있기 때문입니다. 애초에 설계수명 자체를 보수적으로 설정했고 그 사이 발달한 기술로 설비를 개선할 수 있기 때문에 가능한 일입니다. 실제로 2021년 12월말 기준으로 439기의 원전이 가동 중인데요, 그중 약 67%인 292기가 30년 이상 운전 중입니다. 계속운전 Continued Operation[25] 운영허가 기간이 만료된 원자력발전소가 일정한 안전성을 충족하면 폐로하지 않고 전력 생산에 계속 활용하는 것을 말합니다. 신규 발전소 건설에 따른 비용 절감 차원에서 이뤄지는 것이기 때문에 경제성이 확보된 발전소가 검토 대상이 되고요. 계속운전은 법으로 정한

---

25 계속운전: 가동 원전이 계속운전 관련 법령에서 요구하는 안전 기준을 만족하여 설계수명 기간 이후에도 계속 운전하는 것.

안전기준을 만족할 때만 허용됩니다. 즉, 원자력발전소의 계속운전은 원전의 설계수명기간이 만료된 후에 계속하여 운전하는 것을 의미하며, 계속운전을 위하여 원전운영자는 해당 원전에 대하여 강화된 안전성평가를 수행하여 규제기관의 승인을 받아서 새로 짓는 것과 유사한 수준의 안전성과 경제성을 확보합니다(그림 54 참조).

원자력발전소의 수명은 운영허가기간 또는 설계수명기간[26]으로 구분할 수 있습니다. 운영허가기간이란 원전운영자가 규제기관으로부터 인허가 절차에 따라 운영을 허가받은 기간을 말하지요. 따라서 원자력발전소의 계속운전은 일반적으로 "가동원전을 운영허가기간 또는 안전성평가에 의하여 설정된 기간(설계수명기간)을 초과하여 수용가능한 수준의 안전도를 유지하면서 계속하여 운전하는 것"으로 정의하고 있습니다. 우리나라의 법에서는 원전의 설계수명기간이 만료된 후에 계속하여 운전하는 것을 계속운전으로 정의하고 있지요.

우리나라는 원자력발전소의 운영허가 시 운영허가기간을 명시하지 않고, 허가서류로 제출된 안전성분석보고서에 명시되어 있는 설계수명을 발전소의 운영기간으로 간주하고 있습니다. 특기할 사항은 계속운전[27] 대부분의 요건과 절차가 주기적 안전성평가의 요건과 직접적으로 연계되어 있으며, 주기적 안전성평가[PSR, Periodic Safety Review][28]에서의 14개 평가내용을 포함하여 발전소 주요기기의 수명평가와 방사선환경영향평가를

---

[26] 설계수명기간은 원전 설계에서 설정한 운영의 목표기간으로써 원전의 안전과 성능 기준을 만족하면서 안전성평가에 의하여 설정된 운전가능한 최소한의 기간을 의미하며, 안전성분석보고서에 명시되어 있다. 설계수명기간은 원전의 기기공급 기관과 설계기관의 기술과 경험에 의하여 결정되며, 실제 운전가능한 기간은 정비, 보수, 관리, 고장이력 등의 운영경험과 환경조건에 따라 달라질 수 있다.

[27] 계속운전 제도의 주요 내용으로써 원자력발전소 운영자는 설계수명기간 만료일 5년 내지 2년 이전에 평가보고서를 원자력안전위원회에 제출해야 하며, 10년 단위로 계속운전을 신청할 수 있도록 규정하고 있다.

[28] 주기적 안전성평가는 가동중인 발전용 및 연구용 원자로시설에 대하여 일정주기로 수행하는 종합적이고 체계적인 안전성 재평가를 의미하며, 해당 원자로시설의 안전성을 지속적으로 개선하기 위하여 수행된다.

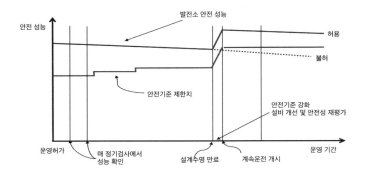

그림 54. 계속운전 안전성능 개념도.

추가적인 평가내용으로 규정하고 있지요.[29]

　원자력안전위원회가 원전운영자가 작성한 평가보고서를 제출받은 경우에 업무위탁기관인 한국원자력안전기술원에서 18개월 이내에 심사하고, 위원회는 그 결과를 원전운영자에게 통보해야 합니다. 위원회는 평가결과 또는 그에 따른 안전조치가 미흡하다고 인정되는 때에는 원전운영자에게 시정 또는 보완을 명할 수 있으며, 원전운영자는 3개월 이내에

---

29 추가로 규정된 수명평가와 방사선환경영향평가의 내용은 다음과 같다.

　①수명평가는 계속운전기간동안 주요 계통·기기·구조물의 기능이 확보되어 있는지를 확인하는 것으로 평가항목은 다음과 같다.

　- 수명평가 대상인 계통·기기·구조물의 분류 및 선정

　- 계통·기기·구조물의 수명에 대한 영향분석

　- 주변 영향을 고려한 계통·기기·구조물의 수명평가

　②방사선환경영향평가는 계속운전이 환경에 미치는 방사선영향을 평가하기 위한 것으로 평가항목은 다음과 같다.

　- 부지특성의 변화

　- 부지주변의 환경변화

　- 방사성 폐기물처리 관련계통의 주요 설계변경사항

　- 계속운전으로 인한 주변 환경에의 영향

　- 환경감시계획

　계속운전을 위한 안전성평가는 주기적 안전성평가에 대하여 규정한 기술기준에 추가하여 계통·기기 및 구조물에 대하여 최신 운전경험과 연구결과 등을 반영한 기술기준을 활용하여 평가하고, 방사선환경영향에 대해서는 최신 기술기준을 활용하여 평가하도록 규정하고 있다.

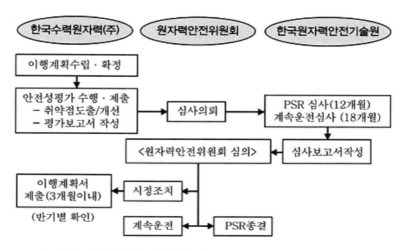

그림 55. 계속운전 수행절차(출처:"원자력안전과 규제", 한스하우스. pp.573, 2012. 8.).

이행계획을 수립해야 하고요. 원전운영자인 한국수력원자력(주)(이하, 한수원)가 원자력발전소를 계속 운전하지 않으려면 해당 원자력발전소의 영구정지를 위하여 운영허가에 대한 변경허가를 신청해야 합니다. 계속운전의 수행절차는 그림 55에서 보시는 바와 같습니다.

원자력발전소 운영자인 한수원은 계속운전의 절차와 요건에 따라 2006년 6월 고리 1호기에 대한 평가보고서를 제출하였으며, 한국원자력안전기술원의 심사와 원자력안전위원회의 심의를 거쳐 2007년 12월 계속운전이 승인되었습니다. 월성 1호기는 계속 운전을 허가받으려고 한수원이 2009년 12월 안전성 평가 보고서를 원자력안전위원회에 제출하여 한국원자력안전기술원의 심사와 원자력안전위원회의 심의를 거쳐 2015년 2월 계속운전이 승인되었고요.

대부분의 원전 운영국은 가동원전의 안전성·경제성 평가 후 안전기준을 만족하면 계속운전을 허용하고 있지요. 이때 추가운전을 고려한 안전성 재검토 및 필요시 개선조치를 하고요. 안전성이 확인된 가동원전의 계속운전을 허용하고 있습니다. 세계 원전의 30%인 100기 이상이 최초 운영허가기간을 경과하여 40년 이상 운전 중(OECD/NEA, 2021년)에 있습니다. 예를 들면 미국은 94기 원전의 60년 운전을 승인하고, 그중 6기에 대해서는 총 80년 운전을 승인했습니다. 탈원전 국가인 스위스와 벨기에도 계속운전을 시행하고 있습니다. 스위스 Beznau 1호기는 전 세계에서 가장 오래된 가동원전으로 현재 53년째 운전 중이고요. 국내 원전 중 10기의 최초 설계수명(운영허가 기간)이 2030년 이전 만료됩니다(고리 2·3·4호기, 한빛 1·2호기, 한울 1·2호기, 월성 2·3·4호기 등 총 8.45GW 용량). 동일량 발전을 위해 태양광은 45GW, 육상풍력은 29GW 수준의 시설 확충 필요하다고 하네요.

이에 따라 원자력학회 등은 안전성이 확인된 가동원전의 계속운전을 허용을 제안하고 있습니다. 2030년 국가 온실가스감축목표[NDC] 달성을 위한 가장 효율적 수단으로서[30], 안전성과 경제성이 확인된 가동원전의 계속운전을 허용하자는 것 같습니다. 아울러 원전을 안전하고 경제적으로 이용할 수 있는 계속운전에 대한 허용 환경과 제도를 수립하여 정착하자고 하네요.[31] 주요 원자력 국가들의 가동원전 계속운전 현황과 계속운전 제도 개선 등에 대한 보다 상세한 내용은 다음의 표와 '더 알아보기' 그리고 책 뒤에 수록된 부록 3에 담아 보았습니다.

---

30 운영허가 기간이 만료되는 원전 10기(시설용량 8.45GW)를 모두 운영한다면, 연간 석탄 대비 약 5,000만톤, 천연가스 대비 약 3,000만톤의 온실가스 저감(85% 이용률 가정, CO_2 환산값)
　- '30년 총 배출량 목표의 11.5%, 발전부문 배출량 목표의 33.5%에 해당(석탄발전 대비)

31 우리나라 원자력 및 에너지 환경에 맞는 가동원전의 계속운전 제도 수립
　- 미국의 경우, 원전의 최초 운영허가 기간은 40년이나, 안전성이 확인되면 20년씩 추가로 운영허가 기간 갱신(현재 최대 80년까지 운영허가)
　- 다수 유럽 국가는 최초 운영허가 기간을 정하지 않고 10년마다 수행하는 주기적안전성평가를 통해 가동원전의 계속운전을 허용

표 22. 세계 계속운전 현황(2021. 12월 말 기준).

□ 세계원전 계속운전 현황

구 분	운전 기수	승인	계속 운전	심사중	비 고
미 국	93	85	**50**		설계수명: 40년 (20년 단위 연장)
아르메니아	1	1	**1**		6.5년 장기기동정지 기간 포함
파키스탄	5	0	**0**		설계수명: 30년
캐나다	19	19	**17**		설계수명: 30년
러시아	38	25	**24**		설계수명: 30년 (15, 25년 연장)
핀란드	4	4	**4**		설계수명: BWR 40년, PWR 30년
스페인	7	7	**7**		설계수명: 40년
인 도	23	6	**6**		설계수명: 30년
스위스	4	4	**3**		무제한 인가제 (Unlimited License)
일 본	33	4	**4**		설계수명: 30년
영 국	12	12	**7**		설계수명: 30, 35년
한 국	24	0	**0**		설계수명: 30, 40, 60년
우크라이나	15	12	**12**		설계수명: 30년
프랑스	56	32	**19**		설계수명: 40년
헝가리	4	4	**4**		설계수명: 30년
기타	101	15	**15**	6	
계	439	230	**173**	6	

□ 캐나다 원전(중수로)의 계속운전 현황 (2021. 12월 말 기준)

No	원전명	용량 (MW)	상업 운전일	최근 계속운전 허가일 [32]	운영상태
1	Bruce-1	824	77.09월	09.10월 ('09.11.01~'14.10.31)	계속운전 중
2	Bruce-2		77.09월	09.10월 ('09.11.01~'14.10.31)	계속운전 중
3	Bruce-3	805	78.02월	09.10월 ('09.11.01~'14.10.31)	계속운전중
4	Bruce-4		79.01월	09.10월 ('09.11.01~'14.10.31)	계속운전중
5	Bruce-5	872	85.03월	15.05월	계속운전중
6	Bruce-6	891	84.09월	15.05월	계속운전중
7	Bruce-7	872	86.04월	15.05월	계속운전중
8	Bruce-8	845	87.05월	15.05월	계속운전중
9	Darlington-1	934	92.11월	15.12월	계속운전중
10	Darlington-2		90.10월	15.12월	계속운전중
11	Darlington-3		93.02월	15.12월	운전중
12	Darlington-4		93.06월	15.12월	운전중
13	Gentilly-2	675	83.10월	11.6월 ('11. 7~'16. 6)	폐로결정('12.9.21) 원자로정지('12.12.28) *설비개선비용 경제적사유
14	Pickering-1	542	71.07월	'10.06월 ('10.07.01~'13.06.30)	계속운전중
15	Pickering-2		71.12월	-	영구정지(97년12월31일)
16	Pickering-3		72.06월	-	영구정지(97년12월31일)
17	Pickering-4		73.06월	'10.06월 ('10.07.01~'13.06.30)	계속운전중
18	Pickering-5	540	83.05월	'18.09월	계속운전중
19	Pickering-6		84.02월		계속운전중
20	Pickering-7		85.01월		계속운전중
21	Pickering-8		86.02월		계속운전중
22	Point Lepreau	680	83.02월	12.02월 ('12.02.17~'17.06.30)	계속운전 중
23	Douglas Point	218	68.09월	-	폐로(경제성)
24	Gentilly-1	266	72.05월	-	폐로(경제성)
25	NPD	25	62.10월	-	폐로(실험로)

○ 30년 이상 계속운전 중: 17기

---

32 계속운전 허가일 : 캐나다의 경우 2~10년 정도로 운영허가를 갱신하는 형태로 계속운전을 허가하고 있음.

□ 국가별 원자력발전소 장기가동 방침

국가 (운전기수)	계속운전 방침	계속운전 현황
캐나다 (19)	10년 주기의 PSR결과를 계속운전 허용의 주요 판단기준 으로 활용 (REGDOC-2.3.3: Periodic Safety Reviews)	가동원전 19기 중 19기 모두 계 속운전 허가(17기 계속운전 중
미국 (93)	운영허가 갱신을 원자력법규(10CFR54)에 명시 최초 운영허가 기간은 40년이며, 최대 20년 단위로 연장 운전 허용 2차 계속운전(총 80년 운전)에 대한 심사 지침서 개발 ('17.7월)	가동원전 93기 중 85기 계속운 전 승인(50기 계속운전 중) 2차 계속운전 신청 15기, 승인 6 기, 심사 중 9기
프랑스 (56)	10년 주기의 PSR결과를 계속운전 허용의 주요 판단기준 으로 활용	32기 계속운전 허가 50기 원전 30년이상 운전중(19 기 40년 이상 운전중)
일본 (33)	'13년 이전: 설계수명 30년, 10년마다 허가 '13년 이후: 신 규제기준 적용으로 40년 설계수명, 1회에 한 해 20년 허가	13기의 원전이 30년 이상 계속 운전 중
영국 (12)	허가조건-15에 따른 PSR결과를 계속운전의 판단근거로 활용	HEYSHAM 1호기 등 7기 계속운전 중
스페인 (7)	PSR 심사에 따라 5~10년 단위의 운영허가 연장 승인	ASCO 1호기 등 7기 계속운전 중
스위스 (4)	운영허가기간에 대한 법률적인 규정은 없으나, 10년 주기의 PSR 결과에 따라 운전 허용	Beznau 1호기 등 3기 계속운 전 중
헝가리 (4)	원자력법으로 PSR과 연계하여 운영허가 갱신기간을 규정 (갱신기간: 12년)	4기 모두 계속운전 중
핀란드 (4)	원자력법에 따라 PSR과 유사한 허가 심사를 통하여 운영허 가 기간을 갱신	4기 모두 계속운전 중

□ 세계원전 운전연도 현황

운전연도	운전기수	
30년 미만	147	
30~39년	173	
40~44년	56	
45	12	
46	8	
47	14	30년 이상 292기
48	9	
49	7	
50	5	
51년 이상	8	
합계	439	

[더 알아보기] 각국의 계속운전 현황[18]

가. 세계 각국의 계속운전 현황

○ 미국은 원자력법에 따라 원전의 최초 운영허가 기간은 40년으로
제한하고, 인허가갱신(LR, license renewal) 제도를 이용하여 20년 단
위로 허가기간 연장을 승인하고 있음

-최초 운영허가 기간 40년은 기술적 고려가 아닌 경제적 측면과
시장 독점을 제한하기 위해 설정

> "This original 40-year term for reactor licenses was based on economic
> and antitrust considerations not on limitations of nuclear technology."

-미국 원자력규제위원회(USNRC)는 안전성이 확인되면 추가로 20
년씩 운영허가를 갱신하는 인허가갱신 제도를 운영 중

※ 원전 운영자는 허가가간 만료 5~20년 전에 갱신 신청

그림 56. 미국의 계속운전 현황(출처: www.nrc.gov).

-USNRC는 총 94기에 대해 인허가 갱신(60년 운전 허용)을 승인했으며, 그 중 6기에 대해서는 2차 인허가갱신(Subsequent LR; 80년 운전 허용)을 승인

※ 9기에 대한 2차 인허가갱신 심사 진행 중

※ 1차 인허가갱신이 발급된 원전 중에서 9기는 다른 이유로 영구 정지

-현재 가동중 미국원전 중에서 8기는 최초 운영허가, 79기는 1차 운영허가 갱신, 6기는 2차 운영허가 갱신 상태

-최근에는 100년까지 운전을 위한 기술적 검토를 진행 중

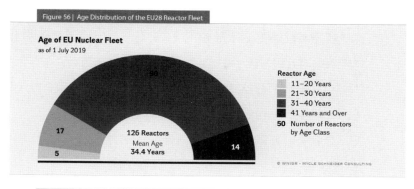

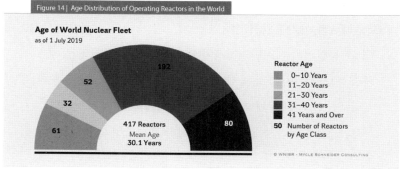

그림 57. EU와 세계의 운전 수명 현황(출처: The World Nuclear Industry Status Report 2019 - www.worldnuclearreport.org)

○ 대부분의 유럽 국가들은 정해진 최초 인허가기간이 없이 10년 주
  기의 주기적안전성평가^{PSR, periodic safety review}를 통해 가동원전의 계속
  운전을 허용하고 있음

  - 영국의 경우 60~70년대 가동을 시작한 원전들 가운데 안전성 심
    사와 경제성평가를 통해 선별적으로 40년 이상 계속운전 중

  - 특히, 스위스의 경우, 69년과 71년에 운전을 시작한 Beznau 원전
    이 50년 이상 성공적으로 운전 중

  - 유럽 전체적으로는 14개 호기의 원전이, 세계적으로도 80개 호기
    의 원전이 이미 40년 이상 계속운전에 돌입하였으며 운전기간
    30년이 경과한 대부분의 원전이 계속운전을 추진할 것으로 예상
    (탈원전을 선언한 독일 제외)

○ 세계에서 100기 이상의 원자로가 40년 이상 운전하고 있으며, 세
  계 원자로의 30% 이상이 최초 설계수명을 경과해 운전 중임[33]

  - 탄소중립에 가장 효과적으로 기여할 수 있는 방안으로 평가

나. 우리나라의 가동원전 계속운전 현황

○ 우리나라의 가동원전 계속운전 제도는 미국의 인허가갱신(LR) 제
  도와 유럽의 주기적안전성평가(PSR) 제도가 혼합되어 있음

  - 모든 가동원전에 대해 매 10년마다 주기적안전성평가 수행

  • IAEA 안전지침[34]에 기반하여 14개 항목에 대한 평가 수행

  ※ 안전성 평가 후 필요하면 안전성 개선조치 요구

---

33 OECD/NEA (2021), Long-Term Operation of Nuclear Power Plants and Decarbonisation
   Strategies.

34 IAEA (2012), Periodic Safety Review for Nuclear Power Plants, IAEA Safety Standards Series No.
   SSG-25

- 설계수명에 도달하는 원전에 대해서는 다음 사항을 추가하여 평가하여 허가만료 2~5년 전에 계속운전을 신청하고, 규제기관은 심사 후 10년 단위로 계속운전 허용
  - 계속운전 기간을 고려한 주요 기기에 대한 수명평가: 계속운전 기간 동안 주요 구조물·계통 및 기기의 기능이 확보되어 있는지를 확인
  - 운영허가 이후 변화된 방사선 환경영향 평가: 계속운전이 환경에 미치는 방사선 영향을 평가

○ 계속운전 제도의 운영 과정에서 다음을 포함하여 다양한 개선방안이 제시되어 왔음
  - 허가기간 2~5년 전에 계속운전을 신청함으로써 인허가 심사와 안전개선조치에 충분한 시간을 확보하기 어려운 문제
  - 미국과 유사한 수준의 수명평가를 함에도 불구하고 10년 단위의 연장만 허용되는데 따른 적극적인 안전 투자 동기 약화
  - 허용기준 등에 대한 정확한 정의 필요성

○ 2021년 12월말 현재 정부의 에너지전환정책에 따라 최초 설계수명 또는 허가기간에 도달한 원전의 계속운전은 정책적으로 추진하지 않고 있음
  - 국내 원전 중 10기의 최초 설계수명(운영허가 기간)이 2030년 이전 만료
  ※ 고리 2·3·4호기, 한빛 1·2호기, 한울 1·2호기, 월성 2·3·4호기 등 총 8.45GW 용량
  - 동일량 발전을 위해 태양광은 45GW, 육상풍력은 29GW 수준의 시설 확충 필요

소형모듈원전 개발 및 건설

미국, 캐나다 등 원자력 선진국들은 소형모듈원전Small Modular Reactor, SMR [35]을 유망한 저탄소 에너지원으로 평가하고 기술개발 및 활용을 추진 중에 있습니다. IAEA에 의하면 2020년 현재 미국, 캐나다, 영국, 중국, 러시아, 프랑스 등에서 70종 이상의 SMR 개발 중에 있다고 합니다. 우리나라 정부는 원전 감축정책을 현재 시행하고 있지만, SMR의 가능성을 인지하여 적극적인 기술개발을 하고 있습니다. SMR은 육상, 해상, 극지, 이동식 등에 다양한 용도인 전력 공급, 수소 생산 등 열 이용, 선박 동력원 등에 사용될 수 있지요. 실제로 러시아와 중국에서는 일부를 건설 완료하고 운영하고 있으며 우리나라와 미국에서는 정부 규제기관이 설계를 인증한 SMR이 있습니다.

우리나라에서는 혁신형 소형모듈원전i-SMR 개발을 추진하여 기존 대형 원전과 더불어 SMR도 수출하려고 하는 것으로 보이네요. 실제로 2020년

---

[35] 모듈화를 통해 공장 제작 및 현장 조립이 가능하고, 단순한 설계와 전기가 필요 없는 안전계통 등 혁신기술이 적용되어 안전성이 향상된 출력 300MWe 이하의 소형원자로로.

12월 정부의 제9차 원자력진흥위원회에서는 향후 8년간 i-SMR 개발에 4,000억원의 투입 계획을 결정하였고요. 이와 관련하여 과기부와 산업부가 공동 기술개발사업으로 예비타당성조사를 진행 중에 있습니다. i-SMR은 사고시 원자로 외벽의 자연냉각을 가능하게 하는 등의 설계로 중대사고 가능성을 제거하면서도 대형원전 수준의 경제성을 목표로 하고 있다고 합니다.

원자력계에서는 국가 에너지믹스에 SMR 활용계획을 반영하여 재생에너지의 간헐성 보완과 청정수소 생산 등에 활용하고 해외 수출도 적극 추진하는 것이 좋다고 보고 있습니다. SMR이 신속한 출력조절이 가능하므로 재생에너지의 간헐성을 대응하고, 대량의 수소 또는 열 수요지역에 건설하여 경제적으로 공급 가능하기 때문입니다. 2050 탄소중립 실현과 청정수소 생산에 필요한 SMR 국내 건설 규모는 상세 시나리오 분석을 통해 결정한다고 합니다. 또한 국내 건설을 통해 실증된 SMR의 해외 수출 적극 추진하고, 해양, 극지, 우주에 SMR 활용을 적극적으로 모색하고 북한과의 에너지 협력에도 활용하자고 이야기하네요.

SMR은 출력 300MWe 이하의 소형원자로이어서 출력 1,000~1,600MWe 정도인 대형원전에 비하여 경제성이 부족할 수도 있다고 염려됩니다. 아울러 세계적으로 대략 19,000 원자로·년 이상의 운전 경험[36]을 가지고 있는 대형원전에 비하여 SMR은 제작·건설·운전 경험[37]이 부족한 것도 우려가 되고요.

소형모듈원전 개발 및 건설과 관련된 원자력계의 기술적 상세내용은

---

36 1원자로·년 운전경험은 1기의 원자로를 일 년 동안 운전한 경험을 의미함.

37 우리나라는 약 600 원자로·년의 운전경험을 보유함. 미국과 러시아 등에서의 군사용인 300MWe 이하의 소형원자로에 대한 운전경험이 1,000 원자로·년 이상으로 판단되나 비공개임. 군사용 원자로는 개발 중인 70종의 SMR과 다름.

부록 4를 참고하시면 되겠습니다. 부록 4는 소형모듈원전 개발, 건설 현황 및 전망에 관한 구체적인 내용인데요, 독자의 편의를 위하여 주요 내용을 다음과 같이 요약해 보았습니다.

가. 소형모듈원자로

○ 소형모듈원자로$^{SMR: Small Modular Reactor}$는 공장에서 하나의 모듈로 제작하여 원자로 부지로 수송하여 바로 설치할 수 있는 출력 300MWe 이하의 원자로

-Small: 전기출력 300MWe 이하

※20MWe 이하는 초소형원자로$^{Micro-reactor}$로 다시 구분

-Modular: 공장에서 동일한 원자로 모듈을 반복 제작

※보통 하나의 용기 안에 원자로를 비롯한 주요 기기를 모두 배치하여 소형화 · 단순화

- 소형모듈원전은 1기 단독 또는 10여 기까지의 소형모듈원자로로 구성

○ SMR의 장점

- 저출력과 고유 · 피동 안전성으로 중대사고를 제거하거나 사고 시 영향을 극소화

※피동^{Passive} 안전성: 교류전력이 필요한 펌프나 밸브 없이 안전 기능 달성

- 공장에서 원자로 모듈을 반복 제작하여 경제성과 품질을 획기적으로 제고

- 원자로 모듈 1기의 단독 건설부터 10여기의 중 · 대용량 구성까지 다양한 출력의 전기 또는 열 공급 가능

- 분산형 전원, 화력발전 대체, 극지 · 원격지 · 이동식 전원, 전력

망이 작은 개도국 건설 등 다양한 이용환경에 대응 용이

- 부하추종 운전능력을 갖추어 재생에너지의 간헐성을 보완하는
데 유리
- 원자로 모듈의 지하 · 수중 배치를 통해 자연 재해(지진, 쓰나미
등)나 인공적 위해(항공기 충돌, 미사일 공격 등)에 대한 방호능력
강화 가능
- 높은 안전성과 자율운전 기능으로 극지/오지에서 소수 인력으로
운전 가능성
- 안정적인 전기 및 열공급(수소 생산, 해수담수화)이 가능하고, 육
상용 원전 및 열공급원, 해상부유식 원전, 선박용원자로 등으로
다양한 활용 가능
- 핵연료 농축도를 15~20% 수준으로 높이면 핵연료 교체 없이
10년 이상 운전

나. 소형모듈원자로 개발 현황

○ 미 · 러 · 중 · 캐 · 한 · 프 등에서 전 세계적으로 SMR에 대한 개발
활동이 급증하고 일부 원자로에 대한 건설계획이 구체화되고 있음
- 경수로, 고온가스로, 액체금속로, 용융염원자로 등 다양한 노형
이 개발 중
  ※최근 IAEA 보고서[38]에 70여 종의 SMR 설계 포함.
- 미국, 영국, 캐나다 등에서는 정부의 적극적 지원 하에 다수의 민
간기업(전통적 원전기업, 스타트업, 벤처캐피탈)이 SMR 개발에 능동
적으로 참여

---

38 IAEA (2020), Advances in Small Modular Reactor Technology.

- 미국의 NuScale(경수로), Natrium(액체금속로), XE-100(헬륨가스로) 등이 건설 준비 중일 뿐만 아니라(2020년대 말 가동 예상), 러시아의 부유식 원자로인 KLT-40S는 이미 상업운전 중이고, 중국에서도 HTR-PM과 ACP100 건설 중
○ 주요 원자력 선진국들은 경수형 SMR뿐만 아니라, 아래와 같이 다양한 목적의 비경수형 SMR을 개발하고 있음
  - SFR(소듐냉각고속로): 액체금속인 소듐을 냉각재로 하는 고속로로 사용후핵연료 방사능 저감과 핵연료 효율적 이용을 위해 개발
  - LFR(납냉각고속로): 액체금속인 납이나 납-비스무스 합금을 냉각재로 하는 고속로로 SFR과 마찬가지로 사용후핵연료 방사능 저감과 핵연료 효율적 이용을 위해 개발
  - GFR(가스냉각고속로): 헬륨 기체를 냉각재로 하는 고속로로 사용후핵연료 방사능 저감과 핵연료 효율적 이용을 위해 개발. 고온 수소생산 및 공정열 공급에도 활용 가능
  - VHTR(초고온가스로): 피복입자핵연료, 흑연 감속재 및 반사체, 헬륨 냉각재를 활용하는 원자로로, 높은 노심온도로 고효율 수소생산, 산업용 증기 및 공정열에 유용
  - MSR(용융염원자로): 용융염(Malten Salt)을 냉각재로 활용하는 원자로로, 고속로로 설계될 경우 고준위폐기물 저감에 활용될 수 있고, 토륨 핵주기는 경제성 및 핵비확산성 측면에서 많은 장점 보유
  - HPR(히트파이프원자로): 펌프나 배관 대신 히트파이프로 원자로의 열을 전력변환계통으로 이송시키는 원자로로, 우주 탐사 등의 특수 목적용 초소형원자로로 개발

○ 비경수형 SMR은 고효율 수소 생산, 공정열 공급, 우주-극지 등 비
   전력망지역 전력 생산, 사용후 핵연료 방사능 저감 등 경수형 SMR
   보다 더 다양한 목적으로 활용될 수 있는 원자로임

다. 우리나라의 소형모듈원자로 개발 현황

○ 우리나라는 열출력 330MW인 경수로형 SMR인 SMART를 개발하
   여 2012년 세계 최초로 설계인가를 받은 SMR이 되었으나, 국내 건
   설이나 수출은 실현되지 않음
   - 전력 공급과 해수 담수화 겸용으로 개발되었으며, 사우디아라비
     아에 건설하여 실증하기 위한 공동설계를 수행하여(사우디에서 1
     억 달러 투자) 표준설계인가 심사 중
   - 사우디 건설계획은 본격 추진되지 못하고 있으나, 공동 연구 및
     수출 노력 진행 중
   - 국내 실증로 건설이 이루어지지 않은 것이 SMART 수출에 가장
     큰 제약 요소
○ 국내 원전 기술을 집대성하는 혁신형 소형모듈원자로(i-SMR) 개발
   이 추진되고 있음
   - 2020년 말 원자력진흥위원회에서 향후 8년간 i-SMR 개발에 약
     4,000억 원을 투입하는 계획을 확정하고, 2021년 9월에 이 사업
     에 대한 예비타당성조사 신청
   ※국가적 기술개발사업으로 산업부-과학기술부가 신청

핵융합 발전

핵융합 발전은 핵융합 반응에서 발생하는 열에너지를 이용하여 전기를 생산하는 발전 형태입니다. 여기에 사용되는 원자로를 핵융합로^{nuclear} ^{fusion reactor}라고 하지요. 핵융합 과정은 두 개의 가벼운 원자핵이 결합하여 더 무거운 핵을 형성하며 줄어드는 질량만큼 에너지를 방출하는 것입니다. 실제로 우리가 기대하는 핵융합은 수소의 원자핵이 융합하여 헬륨 원자핵이 되는 반응입니다. 이 반응이 일어나는 핵융합로는 전력생산 뿐만 아니라, 과학적 연구, 기술 개발 등을 목적으로 개발되고 있습니다. 핵융합[39]은 태양에서 빛과 열에너지를 만들어내는 원리이며, 고온과 고압 환경에서 수소 원자핵들이 서로 융합하면서 발생하는 질량 결손이 에

---

39 핵융합(核融合, nuclear fusion)은 물리학에서 핵분열과 상반되는 현상으로, 두 개의 원자핵이 부딪혀 새로운 하나의 무거운 원자핵으로 변환되는 반응이다. 기본적으로 원자핵은 내부의 양성자로 인해 양전하를 띠므로 두 개의 원자핵이 서로 접근하게 되면 전기적인 척력에 의해 서로 밀어내게 된다. 하지만 원자핵을 초고온으로 가열하면 원자핵의 운동에너지가 전기적 척력을 이겨내어 두 원자핵이 서로 충돌하게 된다. 그리고 이후에는 두 원자핵 사이에 강력한 인력이 작용해 하나의 원자핵으로 결합될 수 있다. 가장 가벼운 원소인 수소의 원자핵끼리 핵융합을 위해 필요한 온도는 대략 1억℃ 이상이며, 더 무거운 원자핵들 간의 핵융합에는 더 고온의 환경이 필요하다.

너지의 형태로 폭발적으로 방출되는 것이 수소폭탄이지요.

핵융합로를 활용한 핵반응은 여러 가지 형태가 있지만 그 중에서 가장 많은 에너지를 얻을 수 있는 D-T 반응이 주로 연구되고 있습니다.

D-T 반응

D + T → He(3.5 MeV) + n(14.1 MeV)

위와 같이 중수소(D = ^{2}H) 와 삼중수소(T = ^{3}H)가 핵융합 반응을 일으키지요. D-T 반응은 수소의 동위원소인 중수소와 삼중수소 원자를 연료로 하여 고온에서 두 원자를 반응시켜 헬륨의 생성과 함께 높은 에너지를 발생시킵니다. D-T 반응으로 생산할 수 있는 에너지는 17.6MeV로, 이는 우라늄 235(U235)의 핵분열 시 발생하는 에너지 200MeV의 약 1/10 수준입니다. 하지만 소모되는 핵연료의 단위질량당 발생하는 에너

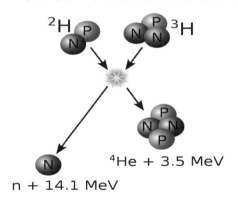

그림 58. 중수소-삼중수소(D-T) 핵융
합 반응.

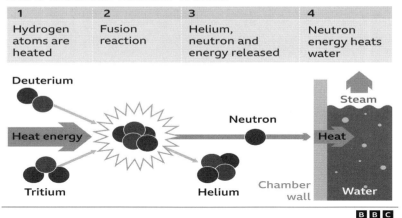

How nuclear fusion works

1	2	3	4
Hydrogen atoms are heated	Fusion reaction	Helium, neutron and energy released	Neutron energy heats water

Deuterium

Heat energy

Tritium

Neutron

Helium

Chamber wall

Steam

Heat

Water

B B C

그림 59. 중수소-삼중수소(D-T) 핵융합 발전.

지는 핵융합이 핵분열에 비해 10배 정도 더 높습니다(D의 원자량이 2이지만 U-235의 원자량은 235이기 때문임). 일반적으로 전자를 포함한 화학 반응에서 방출되는 에너지와 비교하면 대략 1,000,000배 정도 높지요.

핵융합 발전은 핵융합이 일어날 수 있는 플라즈마를 생성하기 위해 충분한 온도, 압력 및 구속 시간을 가진 제한된 환경과 연료가 필요합니다. 태양과 같은 별에서 가장 일반적인 연료는 수소이며 여기서 중력은 핵융합 에너지 생산에 필요한 조건에 도달하는 매우 긴 봉쇄confinement 시간을 제공합니다. 다시 말해 중력으로 인해 높은 밀도로 뭉친 수소는 핵융합 반응이 일어나기가 상대적으로 쉽지요. 이에 비해 핵융합로는 일반적으로 중수소 및 삼중수소(특히 둘의 혼합물)와 같은 수소 동위원소를 사용하며, 이는 수소보다 더 쉽게 반응하여 덜 극한 조건에서 로손 기준 요건에 도달할 수 있게 합니다. 대부분의 설계는 연료를 약 1억 °C까지 가열하는 것을 목표로 하며, 이는 성공적인 설계를 생성하는 데 있어 주요 과제입니다.

그림 60.토카막 작동 원리.

핵융합 발전을 실현하려면 해결해야 할 문제가 있지요. 먼저 핵융합 발전에 필요한 원료인 중수소나 삼중수소를 확보하는 것인데, 이 원료들은 바닷물에서 구할 수 있습니다. 그 다음 문제가 되는 것은 수천°C의 온도로 가열해 만든 플라즈마 상태의 수소원자핵을 고주파를 이용해 1억°C 이상의 초고온 상태로 만드는 것이지요. 두 개의 원자핵을 융합하려면 원자핵 사이에 존재하는 쿨롱력coulomb force에 의한 반발력을 이겨낼 수 있는 환경이 조성되어야 하는데, 이를 위해서는 온도가 대략 1억°C보다 높게 올라가야 합니다. 그래야만 중수소와 삼중수소가 플라즈마plasma 상태로 바뀌어 핵융합 반응이 자연적으로 발생하기 때문이지요. 하지만 1억°C나 되는 온도를 견디는 구조물 만들 수 있는 재료물질이 없습니다. 따라서 이 문제를 해결하기 위해 플라즈마가 자기적 성질을 띠는 점을 착안하여, 도넛 구조의 전자기물질을 통해 형성된 인공자기장에 플라즈마를 가두고 에너지를 생산하는 토카막Tokamak 실험장치가 개발되고 있습

그림 61. Joint European Torus (JET) 토카막.

니다(예: Joint European Torus).

　토카막은 핵융합 발전용 연료 기체를 담아두는 용기로 핵융합 실험 장치 중 하나입니다. 핵융합을 일으키기 위해서는 감히 상상할 수 없을 정도 온도의 열이 필요한데, 이 고온의 작업과정을 견딜 수 있는 장비가 바로 토카막 장치인 것이지요.

　토카막은 구성하는 물질이 특수하기보다 자기장을 사용하여 열 자체를 차단하는 기술입니다. 토카막에서 필요로 하는 기술은 진공 기술인데, 1억 °C의 온도를 버티는 물질은 현존하지 않기에 이를 직접적으로 접촉하지 않기 위해서 진공상태가 필요하기 때문이지요. 이를 위해 고안된 토카막은 대기압의 10만 분의 1 정도의 진공 상태로, 여기에서 1억 °C에 이르는 플라즈마를 만들어 공중으로 띄어 가둡니다. 안전하고 효과적인 원자력 이용을 위한 기술의 발전, 특히 고온의 플라즈마를 담아 둘

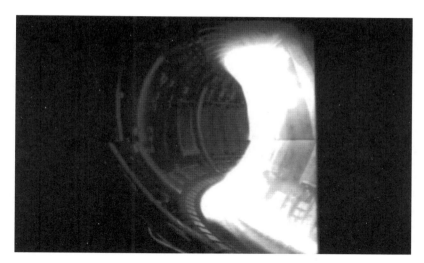

그림 62. JET 핵융합 실험 장면.

용기에 대한 고민을 해결한 토카막이 원자력 안전한 발전에 큰 역할을 해주길 기대합니다.

핵융합로 개발에 필요한 핵심기술은 크게 다음의 3개 분야입니다. 즉, △ 1억 °C 이상의 초고온 플라즈마 생산기술 △ 1억 °C 이상의 초고온 플라즈마를 가둬둘 수 있는 토카막 장치 제작기술 △ 핵융합을 일으킬 수 있는 연료의 개발기술이지요.

에너지원으로서 핵융합은 핵분열에 비해 많은 이점을 가질 것으로 기대됩니다. 여기에는 작동 중 방사능 감소, 고준위 핵폐기물 감소, 충분한 연료 공급 및 안전성 향상이 포함됩니다. 그러나 온도, 압력 및 지속 시간의 필수 조합은 실용적이고 경제적인 방식으로 이루기 매우 힘든 것으로 보입니다. 핵융합로에 관한 연구는 1940년대에 시작되었지만, 현재까지 입력 전력보다 더 많은 핵융합 전력 출력을 생산하는 설계는 없습니다. 두 번째 문제는 반응 중에 방출되는 중성자를 관리하는 것입니다. 중성자는 시간이 지남에 따라 반응 챔버 내에서 사용되는 많은 일반적인 재료 성능(예: 취성)을 저하시킵니다.

핵융합로의 상용화는 아직 개발해야 할 기술적 문제들이 많이 남아 있습니다. 특히 현재 핵분열을 이용한 1,000MW급 경수로에 비해 경제성을 확보하기 어렵다는 의견도 있습니다. 그럼에도 불구하고 직접적인 장점 이외에도 핵융합로 개발과정에 부수적으로 개발되는 관련 기술이 연관 분야에 미치는 경제적 효과를 고려하면 충분히 경제성을 가진다는 의견도 있고요.

핵융합 발전은 앞에서 기술한 바와 같이 수소의 핵융합 반응시 발생되는 에너지를 활용해 전기를 생산하는 발전방식입니다. 화력발전이나 원자력발전에 비해 에너지 생산량이 훨씬 많고 환경오염물질을 발생시키지 않는 장점 때문에 많은 나라의 연구기관들이 국가적 또는 국제적 차원에서 연구를 수행하고 있지요. 국제열핵융합실험로[ITER, International Thermonuclear Experimental Reactor] 프로젝트가 대표적으로, 대한민국을 포함한 7개국이 참여하고 있습니다. 국제공동으로 핵융합로의 실효성 및 경제성을 평가하기 위한 토카막 실험장치를 개발하는 ITER 프로젝트가 2006년부터 추진되어 실증장치가 프랑스 카다라슈에 건설되고 있고요(부록 5 참조).

우라나라의 KSTAR[Korea Superconducting Tokamak Advanced Research]는 1995년에 개발에 착수하여 2007년 개발이 완료된 대한민국이 독자개발에 성공한 한국형핵융합연구로입니다. 대전광역시 유성구에 위치한 한국핵융합에너지연구원에 위치하고 있지요. 지름 10m, 높이 6m의 4,000억 원짜리 도넛형으로 생긴 토카막[Tokamak]형 핵융합 실험로입니다.

1. 실험로 목적

핵융합로 건설을 위한 기반기술(초전도자석, 진공용기 등) 확보 및 초고온 플라즈마 운용 실험을 통한 국내 핵융합연구 역량 강화

> *초전도 토카막 운전기술, 고성능(1억℃ 이상) 장시간(300초) 플라즈마 제어기술, DEMO 선행 기술 시험 등 핵융합 상용화 기반기술 확보

2. KSTAR 장치제원

장치명: 초전도 핵융합연구장치(KSTAR)

규모: 직경(D) 9.4m, 높이(H) 9.6m, 무게(W) 1,000ton

특징: 세계 최초로 Nb_3Sn(나이오븀틴) 초전도 자석으로 제작

최종 목표성능: 트로이달 자기장세기 3.5테슬라, 플라즈마 지속시간 300초, 플라즈마 전류 2.0MA, 플라즈마 온도 3억℃

3. KSTAR 사업 내용

-초고온 고밀도 플라즈마의 장시간 운전제어 기술 확보

-가열 · 진단 등 핵심 부대장치의 성능 고도화 및 공학기술 확보

-핵융합 물리이론 확립을 위한 검증 실험, 경계면 불안정 현상 등 핵융합발전 난제 해결을 위한 연구 수행

4. KSTAR 연혁

1995년: KSTAR 프로젝트 시작

그림 63. KSTAR 토카막(출처: 한국핵융합에너지연구원).

2007년: KSTAR 주장치 완공

2008년: KSTAR 최초 플라즈마 발생 공식 선언

2009년: 전류 32만 암페어의 고온 플라즈마를 3.6초 유지

2011년: 5천만 ℃의 고온 플라즈마를 5.2초간 유지 성공

2012년: 5천만 ℃의 고온 플라즈마를 17초간 유지 성공

2013년: 5천만 ℃의 고온 플라즈마를 20초간 유지 성공

2014년: 5천만 ℃의 고온 플라즈마를 48초간 유지 성공

2016년: 5천만 ℃의 고온 플라즈마를 70초간 유지 성공

2017년: 7천만 ℃의 고온 플라즈마를 72초간 유지 성공

2019년: 1억 ℃의 고온 플라즈마 1.5초간 유지 성공

2020년: 1억 ℃의 고온 플라즈마 20초간 유지 성공

2021년: 1억 ℃의 고온 플라즈마 30초간 유지 성공

[부록 1] 고준위 방사성 폐기물 관리 기본계획(안)[40]

1. 추진배경 및 수립경과

○ 방폐물 관리법(제6조)에 따른 법정계획으로 5년 주기 수립 필요

* 아울러, 1차 기본계획('16.7) 수립 이후, 에너지전환 정책과 사용후핵연료 정책 재검토 추진 등으로 새로운 관리정책 마련 필요

○ 재검토위원회 권고안을 토대로 이해관계자 의견수렴을 거쳐 마련

* 재검토준비단 · 재검토위원회('18~'21)→계획안 의견수렴('21)→행정예고/토론회('21.12)

< 발생현황 및 전망 >

• 그간 총 504,809다발(경 20,733다발, 중 484,076다발)의 사용후핵연료 발생

• 全원전 수명 만료까지 누적 635,329다발(경 58,478다발, 중 576,851다발) 발생이 전망되며, 한빛·고리 '31년, 한울 '32년, 신월성 '44년, 새울 '66년 등 포화예상

2. 주요 내용(안)

❶ 총 37년에 걸친 관리정책 로드맵 제시

○ 신청 – 부지조사 – 주민투표를 거쳐 관리시설 부지선정(13년)

○ 이후 지하연구시설 건설 · 실증(14년)을 거쳐 영구처분시설 건설(10년)

– 이와 병행해 중간저장시설을 건설(7년)하고, 동 시설 가동전에는 주민 의견수렴을 거쳐 원전부지 내 저장시설을 한시운영

---

❷ 관리시설 유치지역 범정부 지원체계 구축

○ 총리 주재 「유치지역 지원委」을 신설해 맞춤형 · 패키지 지원

○ 지원효과를 보여주는 지역발전 비전("안전하고 살기 좋은 도시") 제시

❸ 안전관리를 위한 정책기반 확충

○ 독립적 전담조직 신설, 특별법 제정 등 추진

○ 관리정책 全 과정에 필요한 기술을 개발하고, 안전관리 인력양성

[부록 2] 원자력에 의한 청정수소 공급[18]

가. 수소경제 관련 국내외 동향

○ (해외동향) 해외 주요국은 수소생산과정에서 탄소배출 없는 청정수소 중심의 로드맵을 발표함

-EU 및 유럽 주요국과 호주 등은 청정수소 중심의 수소경제 전략 발표: 10년 내 청정수소 설비 규모가 약 100~200배 성장하여 20~40GW 규모의 생산 능력 확보 예상

- • EU 집행위원회는 수소전략(2020.7)을 통해 2030년까지 청정수소 수전해 설비에 420억 유로(약 57조 원) 투자 발표
- • Hydrogen Europe은 'Hydrogen 2030: The Blueprint (2020.6)'을 통해 2030년 유럽 수소로드맵 달성을 위해 4,300억 유로(약 580조 원)의 투자와 1,450억 유로(약 196조 원)의 공적지원이 필요한 것으로 분석

-미국 바이든 행정부는 청정에너지 계획 공약(2020.07)으로 청정수소 사용 확대와 수전해 등을 활용한 청정수소 생산 추진 계획 발표

○ (국내 동향) 2019년 수소경제 활성화 로드맵을 통해 수소경제 선도국가 도약 계획을 발표했으나, 에너지 안보, 경제성 확보 및 기후변화 대처에 유리한 방안 마련이 필요함

-2030년 재생에너지를 활용한 청정수소 생산 잠재량은 21만 톤 수준으로, 예상되는 수요(194만 톤/년)의 10.8%에 수준에 불과하여 대부분 해외로부터 수입에 의존할 수밖에 없어 에너지 안보에 불리

-국내의 높은 재생에너지 발전 비용으로 청정수소 생산의 경제성 확

보가 어려움

※ 2030년 정부의 수소 판매 가격 목표는 4,000원/kg으로 생산단가 최소화 필요

- 2040년 공급목표량의 30%인 연간 157만 톤의 수소를 수소추출로 공급할 경우, 이산화탄소 발생량은 1,250만 톤으로 기후변화 대처에 불리

<정부 수소경제활성화 로드맵('19)상의 수소 수요 및 공급방식>

구 분	2018년	2022년	2030년	2040년
공급량(수요량)	13만톤/년	47만톤/년	194만톤/년	526만톤/년 이상
공급 방식	①부생수소 1% ②추출수소 99%	①부생수소 ②추출수소 ③수전해	①부생수소 ②추출수소 ③수전해 ④해외생산 ※ ①+③+④ 50% ② 50%	①부생수소 ②추출수소 ③수전해 ④해외생산 ※ ①+③+④ 70% ② 30%
수소 가격	(정책 가격)	6,000원/kg (시장화 초기가격)	4,000원/kg	3,000원/kg

나. 원자력 이용 수소생산 기술

□ 원자력을 이용한 수소생산 기술 개요

○ (경수로 이용) 원자력발전소에서 생산한 저렴한 전기를 사용하거나, 전기와 열을 함께 사용하여 수소를 생산하는 기술임

- (저온 수전해) 100℃ 이하에서 물을 전기분해 하는 방식으로 Alkaline, PEM 등의 MW급 상용화 기술 존재

- (고온 수전해) 650℃ 이상에서 고온의 수증기※를 전기분해하여 수소생산 효율을 높인 방식으로 SOEC^Solid Oxide Electroysis 기술이 상용화 초기 단계

※ 경수로의 열로 증기를 생산해 이를 전기로 가열하여 650℃ 이상으로 가열

○ (초고온가스로(VHTR) 이용) 초고온가스로의 초고온열을 수소생산 공정에 사용하여 효율을 향상시키는 기술임

- (고온 수전해) 초고온가스로가 생산한 고온증기를 고온수전해 공정에 공급하여 수전해수소를 생산하는 방식

- (SI 열화학공정) 황산분해공정, 요오드화수소 분해공정, 분젠공정에 이용하여 물을 열화학 분해시켜 수소를 생산하는 방법으로 초고온 에너지 필요

□ 국내외 원자력 활용 수소생산 기술개발 현황

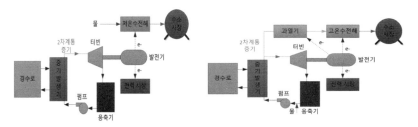

그림 64. 경수로 저온 수전해 수소 생산(왼쪽), 경수로 고온 수전해 수소 생산(오른쪽).

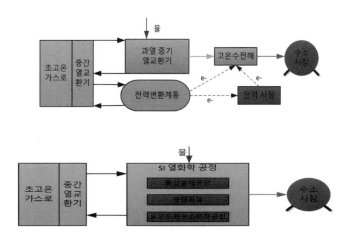

그림 65. 고온가스로 고온 수전해 수소 생산(위), 초고온가스로 SI 열화학 수소 생산(아래).

○ 고효율 수소생산이 가능한 고온가스로 위주 연구가 진행돼 왔으나, 최근 수소경제 가시화에 따라 상용원전을 활용한 경제적 수소 대량생산에 관한 연구도 활발히 진행 중임

○ (미국) 단기적으로 가동원전을 이용한 수소생산 실증을 지원하고, 장기적으로는 더 경제적인 수소생산에 활용할 수 있는 초고온가스로의 개발 및 실증을 추진함

- 미국 에너지부(DOE)는, Idaho National Lab 주도로 3개의 원전운영사(Xcel energy, Energy Harbor, APS)가 운영 중인 경수로 원전을 활용하여 수소생산을 실증하는 공동연구를 지원

※ DOE는 수소생산 실증을 위해 초기 자금 총 1,140만 달러 규모 지원

- NuScale사는 Idaho National Lab.과 NuScale 원자로를 이용한 수소 생산 타당성 연구를 통해 대규모 수소생산의 가능성 확인

- X-energy는 초고온가스로를 이용한 Off-grid 지역의 수소생산 연구를 Canadian Nuclear Lab과 진행 중(초기 80M $ 지원, 7년간 1.6 B$ 투자)

- Energy Infrastructure Act 법제화(2021.8)를 통해 수소 연구개발비 지원 예정

- 장기적으로 수소 생산 효율 최적화를 목적으로 경수로-고온수전해와 초고온가스로를 연계하는 기술 개발

○ (프랑스) 프랑스 정부는 70억 유로 규모의 원자력에너지를 포함한 청정수소 생산 정책을 2020년 9월에 발표하였고, 원전 운영사인 EDF는 영국의 가동원전을 이용한 수소생산 기술 개발과 사업화를 추진 중임

- EDF는 2019년 원자력과 재생에너지를 이용한 수소생산을 위해 자회사 Hynamics를 설립

-H2H^{Hydrogen to Heysham} 컨소시엄을 통해 영국 Lancashire 원전에서 수전해 수소 생산시설 실증을 추진 중이며, 영국 Sizewell C 원전에 수소 생산 파트너 확보 중

○ (영국) 수소전략보고서(2021.8)를 발표하여 2030년까지 5GW 규모의 저탄소 수소생산설비 확보하는 데 원자력을 최대한 활용할 예정임
-저탄소 수소생산설비의 상업화를 위해 2억 4천만 파운드의 탄소제로 수소 기금(Net Zero Hydrogen Fund)을 조성하였고 원자력 수소를 청정수소에 포함
-롤스로이스가 개발 중인 중형원자로 12기를 2020년대 후반까지 배치하여, 전기와 수소를 생산할 계획이며, 여기서 생산한 수소는 합성항공유 생산에 투입할 예정
-영국 BEIS(산업부)는 2021년 7월에 수소생산에 효율적인 초고온가스로형 중형원자로 개발 계획을 발표

○ (폴란드) 현재 공정열을 생산하는 석탄플랜트를 고온가스로로 대체하는 연구를 수행 중이며, 장기적으로 수소생산에 활용할 계획임

○ (러시아) 러시아 정부는 2024년까지 ROSATOM의 원자력수소가 포함된 수소에너지 개발 계획을 승인함
-단기적으로 경수로 잉여전력을 활용한 수전해 생산 기술 개발
-장기적으로 초고온가스로의 열에너지와 탄소포집을 사용한 LNG 개질 기술 개발

○ (일본) 1969년에 초고온가스로 개발을 착수하였으며, 2010년에 세

계 최초로 초고온시험로(출구온도 950℃)의 50일 연속운전에 성공
-미쓰비시社 요청으로 2030년까지 초고온가스시험로와 LNG 개질 공
정을 연계한 수소생산 실증 연구를 수행
-초고온시험로와 SI 열화학공정을 연계한 수소생산 실증은 장기적인
연구개발로 '40년까지 완료할 계획

○ (중국) 2021년 8월에 세계 최초로 초고온가스로 HTR-PM 운영허
가를 획득
-수소 생산에 적용성을 실증하기 위해 원자로 출구온도를 기존
750℃에서 950℃로 높이는 연구를 수행 중
-칭화대, CNNC, 철강산업체는 철강 제조 분야에 활용할 수 있는 원
자력 수소 생산 기술 개발 협력을 추진 중

○ (한국) 2004년부터 한국원자력연구원을 중심으로 초고온가스로를
활용한 물 분해 수소생산 기술을 개발해옴
-2006년부터 원자력수소핵심기술 개발을 수행하여 원자력수소의 주
요 핵심 기술을 확보하고, 수소 생산을 위한 SI 열화학공정의 연속운
전 가능성을 확인
-2020년부터 초고온시스템 핵심기술 과제를 수행하여 수소생산에 활
용 가능한 초고온시스템 성능평가 기술, 재료성능 검증 기술, 고온
수전해 연계기술을 개발하고 있고 2024년에 완료 예정
-산·학·연 협력을 통한 원자력 수소생산 기술 협력 추진 중
※한국원자력연구원은 2020년 현대엔지니어링과 USNC社와 초고온
가스로 개발을 위한 MOU를 체결했고, 2021년 현대엔지니어링,
POSTECH, 포항산업과학연구원, POSCO, 경상북도, 울진군과 원자

력활용 고온 수소 생산 기술의 개발, 실증, 상업화를 위한 MOU를 체결

□ **국내 원전과 연계한 수소생산 방안**

○ 원자력을 활용한 청정수소 생산방안이 에너지 안보와 경제성을 담보하면서 탄소중립과 수소경제를 달성하기 위한 최적의 수단을 제공함

-상온 수전해에 의한 수소 생산 비용이 태양광은 약 8,000원/kgH$_2$, 원자력은 약 3,800원/kgH$_2$인 것으로 평가

※ 태양광 이용률 15%, 원자력 이용률 85%, 수소 1kg 생산 전력소요량 51kWh/kg 적용

※ 고온수전해 적용 시 전력소비량 약 30% 절감

○ 가동원전을 이용한 청정수소 생산기술 개발의 조속한 착수가 필요함

-상용화 개발기간과 투자규모를 고려하여 단기간에 기술을 개발하여 적용할 수 있도록 가동원전을 활용한 저온 수전해 수소 생산 기술을 우선적으로 개발하고, 향후 고온수전해 공정을 적용시켜 수소생산 효율을 높이는 방향으로 추진

-장기적으로 초고온가스로를 활용하여 수소 생산 효율을 더욱 향상시킬 수 있는 기술개발을 병행

○ 원자력 기술과 수소경제 활성화 로드맵을 연계하여 청정수소 대량 생산을 위한 실효성 있는 방안을 마련함

-원자력을 활용한 수소생산 기술 상용화를 통해 정부가 목표하는 수소 공급량과 가격을 충분히 만족시킬 수 있는 대량 청정수소 생산

체계 확보

- 수소기술개발로드맵(2019.10)의 생산 분야 미래형 기술로 분류된 초고온가스로와 기존 경수로의 저렴한 전기를 활용하여 대규모 청정수소 생산 기술 실증에 활용
- 2022년부터 도입 예정인 수소발전의무화제도(HPS)와 함께 도입 검토 중인 청정수소 생산판매 의무화와 공공기관 수소 활용 의무화도 충실하게 이행할 수 있도록 지원

-실효성 있는 세계 최고 수준의 국내 원전산업을 수소 산업에 적용하여 수소 관련 산업을 육성하고 국제적으로 수소경제를 선도

□ **기대 효과**

○ 경제적인 청정수소의 대량 국내 생산으로 탄소중립 달성에 기여할 수 있음

-기존 LNG 추출을 통한 수소 생산을 대체하여 이산화탄소 발생을 감축하고, 생산된 수소를 에너지 저장수단으로 LNG 발전을 대체하며, 에너지 운반체와 수소 환원제철 등에 활용하여 2050 탄소중립 달성에 기여

※ APR1400 2기 해당 원전 용량으로 수소생산 시 LNG 개질 통한 생산 대비 약 330만톤 이상 탄소 감축 가능(추출수소 1kg 생산 시 이산화탄소 발생량은 8.6kg 수준)하며, 향후 기술개발을 통한 효율 향상으로 감축량 20% 이상 증가 전망

○ 재생에너지 간헐성 보완 및 전력계통 안정성 향상에 기여함

-재생에너지의 확대에 수반되는 출력변동에 대응하여 잉여전력 발생시 원전에서 생산한 전력 중 일부를 활용하여 에너지저장 수단으로 수소를 생산하고, 이후 피크 발생 시에 저장된 수소를 전력원으로

활용함으로써 전력계통의 안정성 향상

○ 에너지 비축능력 향상으로 에너지 안보를 강화함

-에너지 비축능력이 뛰어난 원전과 연계하여 에너지안보 측면에서
 유리

○ 수소 및 원전 산업 국제 경쟁력 제고에 기여함

-세계 최고 수준의 국내 원전산업 기술을 수소 산업에 적용하여 국제
 적으로 수소경제를 선도할 수 있고, 원자력발전의 적용 기술 확대로
 원전의 수출 경쟁력 제고

○ 수소경제 활성화 목표 실현을 촉진함

-청정수소 생산의 경제성을 확보하고, 수소의 저장, 공급, 다목적 활
 용 등 추가적인 사업모델을 통한 부가가치 창출로 수소경제 실현을
 촉진

[부록 3] 계속운전 제도 개선(안)

1. 현황

□ 계속운전 개요

○ 설계수명*이 만료되는 원전에 대해 안전성 평가를 통해 법적기준을 만족할 경우 10년 더 계속 운전하는 것임

> * 설계수명: 원전 설계 시 설정된 기간으로 안전성과 성능기준을 만족하면서 운전 가능한 최소한의 기간
>
> * 국내 원전의 설계수명
>
> 30년: 월성 1~4호기(중수로), 고리 1호기(경수로)
>
> 40년: 표준형 원전 등 나머지 경수로
>
> 60년: 신고리 3, 4호기, 신울진 1, 2호기 (APR1400, UAE 수출 모델)

□ 국내사례 (원안법 시행령 36조: 5년내지 2년전 신청)

○ 계속운전 旣승인: 고리 1호기

-18개월 이내 심사 후 '07.12 승인 후 10년 계속운전(폐로중)

○ 계속운전 旣승인: 월성 1호기

-설계수명기간 만료일('12.11.20) 승인 후 계속운전하였음(폐로신청)

○ 향후 계속운전 도래

-고리 2호기('23.4), 월성 1호기 2차('23.11) 이후, 2024년부터 2028년까지 매년 1기 이상씩 도래

□ 해외사례

○ 미국은 10CFR54(운영허가갱신)에 따라 20년 단위의 계속운전 승인

-20 내지 5년 전 운영허가갱신 신청

* 80년(최초 40년+계속운전 40년) 운전을 목표로 연구 중

○ EU, 일본 등은 IAEA방식(주기적 안전성평가)에 따라 10년 단위 승인

○ 캐나다는 압력관 교체 등 대규모 설비개선 후 25~30년 계속운전 추진

-운영허가는 5~2년 단위 승인

2. 문제점 및 개선방향

□ **계속운전 승인 전 설비투자에 대한 사회적 논란**

　○ 계속운전 인허가 승인 전, 사업자가 先 대규모 설비투자로 인허가 심사를 압박한다는 취지의 논란 존재

　○ 계속운전 미승인시 先 설비투자에 대한 책임 소재, 사업자의 경영상 문제 발생

　⇒ 평가보고서와 안전성증진사항 이행계획(투자계획)을 제출하여 심사와 인허가 승인 後 설비투자를 하도록 변경 필요

　※ 개선 방향

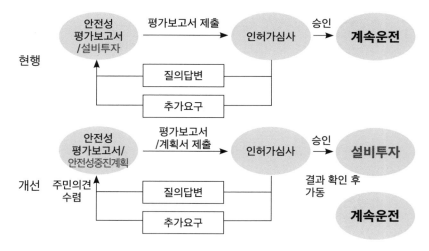

□ **계속운전 인허가 신청기한의 경직성 및 촉박성**

　○ 인허가 심사 및 심사 후 안전성 증진(설비개선 등) 일정 고려 시, 현행 계속운전 인허가 신청 시점(5~2년 전)이 촉박함

⇒ 심사기간과 심사 후 설비개선 등 안전성 증진 조치에 필요한 기간을 고려하여 충분한 신청 기간(5→10년)의 제공 필요

　○ 인허가 신청기간이 한정(5~2년 전)되어 있어 규제기관은 심사중 반려가 어렵고 사업자는 반려시는 재신청이 어려움

⇒ 신청은 수명만료일 10년 전부터 신청이 가능하도록 함

3. 제도개선(안)

□ **개선 전·후 비교**

구분	현행	개선	사유	관련 법조항
신청기한 확대	5년 내지 2년 전	12년 내지 10년 전	충분한 심사 및 심사 후 설비개선 기간 확보가 필요함	원자력 안전법 시행령 제36조
신청 및 심사 방법 개선	평가보고서 제출	평가보고서 +안전성증진 계획 제출	계속운전 승인 前 설비투자 논란 불식 필요, 조치결과 확인 후에 발전소 가동 결정 가능	원자력 안전법 시행령 제36조
	평가보고서 +안전성증진 이행 결과 심사 후 인허가 승인	평가보고서 +안전성증진 계획 심사 후 인허가 승인, 이행 결과 확인 후 가동		없음
주민의견 수렴	없음	계속운전 추진시 주민의견수렴	계속운전 착수 前 주민의 의견 수렴을 통해 사회적 갈등요인 최소화	원자력 안전법 제 103조, 시행령 제 145조

□ **기대효과**

○ 계속운전 승인 전 설비투자에 대한 사회적 논란 해소

○ 계속운전 인허가 신청 및 심사 방법 개선 등으로 계속운전 추진 불확실성 해소

○ 사회적 갈등요인 최소화.

붙임 계속운전관련 법 개정(안)

번호	관련법령	현행	개정(안)	이유
1	원안법 시행령 36조(주기적 안전성 평가의 시기등) ④항	④발전용원자로운영자가 원자로시설의 설계수명기간이 만료된 후에 그 시설을 계속하여 운전(이하 "계속운전"이라 한다)하려는 경우에는 제2항에도 불구하고 설계수명기간 만료일(그 후 10년마다 10년이 되는 날을 포함한다)을 평가기준일로 하여 평가기준일이 되기 5년전부터 2년 전까지의 기간 내에 평가보고서를 제출하여야 한다.	④~평가기준일로 하여 평가기준일이 되기 12년 전부터 10년 전까지의 기간 내에 평가보고서를 제출하여야 한다. 계속운전을 하려는 경우 발전용원자로운영자는 제37조 제2항의 안전성증진계획 이행실적을 원자로 가동 전에 제출하여야 한다.	신청시기 개선 등 - 충분한 심사 및 심사 후 설비개선 기간 확보 - 계속운전 승인 前 안전성증진계획을 검토하여 사전설비투자 논란 불식 - 이행실적 확인 후 발전소 가동 결정 가능
2	원안법 시행령 37조(주기적 안전성 평가의 내용) ②항	②제36조 제4항에 따라 계속운전을 하려는 경우에는 제1항 각 호의 사항에 다음 각호의 사항을 추가로 포함하여야 한다. 1. 계속운전기간을 고려한 주요 기기에 대한 수명평가 2. 운영허가 이후 변화된 방사선환경영향평가	②제36조 제4항에 따라 계속운전을 하려는 경우에는 제1항 각 호의 사항에 다음 각호의 사항을 추가로 포함하여야 한다. 1. 계속운전기간을 고려한 주요 기기에 대한 수명평가 2. 운영허가 이후 변화된 방사선환경영향평가 3. 안전성증진계획	안전성증진계획 확인 - 계속운전 승인 前 안전성증진계획을 검토하여 사전설비투자 논란 불식

3	원자력안 전법 103 조(주민의 의견수렴) ①항	①제10조제1항 또는 제3항에 따라 허가 또는 승인을 받으려는 자와 제 63조제1항에 따라 방사성 폐기물 처 분시설 또는 사용후핵연료 저장시설 의 건설·운영허가를 받으려는 자(이 하 이 조에서 "신청자"라 한다)는 제 10조제2항·제5항 또는 제63조제2 항에 규정한 방사선환경영향평가서 를 작성할 때 제2항에 따른 방사선환 경영향평가서 초안을 공람하게 하 거나 공청회 등을 개최하여 위원회 가 정하는 범위의 주민(이하 "주민" 이라 한다)의 의견을 수렴하고 이를 방사선환경영향평가서의 내용에 포 함시켜야 한다. 이 경우 대통령령으 로 정하는 범위의 주민의 요구가 있 으면 공청회 등을 개최하여야 한다.	①제10조제1항 또는 제3항 에 따라 허가 또는 승인을 받 으려는 자, 제20조제1항 발 전용원자로 및 관계시설의 허가받은 사항을 변경하려 는 자와 제63조제1항에 따 라 방사성 폐기물 처분시설 또는 사용후핵연료 저장시 설의 건설·운영허가를 받으 려는 자(이하 이 조에서 "신 청자"라 한다)는 ~	주민갈등 최소화 - 계속운전 착수 前 주민의 의견 수렴 을 통해 사회적 갈 등요인 최소화
4	원안법 시 행령 145조(공청 회 개최 등) ①항	①법 제103조제1항 후단에 따라 다 음 각 호 중 어느 하나에 해당하는 경 우에는 공청회를 개최하여야 한다. 1. 제144조제1항에 따라 공청회 개최 가 필요하다는 의견을 제출한 주민 이 30명 이상인 경우 2. 제144조제1항에 따라 공청회 개 최가 필요하다는 의견을 제출한 주 민이 5명 이상 30명 미만인 경우로 서 평가서초안에 대한 의견을 제출 한 주민 총수의 100분의 50 이상 인 경우	"좌동"	

[부록 4] 소형모듈원전 개발·건설 현황 및 전망[18]

가. 소형모듈원자로 개발 동향

□ 소형모듈원자로란?

○ 소형모듈원자로^{SMR: Small Modular Reactor}는 공장에서 하나의 모듈로 제작하여 원자로 부지로 수송하여 바로 설치할 수 있는 출력 300MWe 이하의 원자로를 가리킴

-Small: 전기출력 300MWe 이하

※20MWe 이하는 초소형원자로^{Micro-reactor}로 다시 구분

-Modular: 공장에서 동일한 원자로 모듈을 반복 제작

※보통 하나의 용기 안에 원자로를 비롯한 주요 기기를 모두 배치하여 소형화·단순화

-소형모듈원전은 1기 단독 또는 10여 기까지의 소형모듈원자로로 구성

○ SMR에 대해 일반적으로 기대되는 장점은 다음과 같음

-저출력과 고유·피동 안전성으로 중대사고를 제거하거나 사고 시 영향을 극소화

※피동^{Passive} 안전성: 교류전력이 필요한 펌프나 밸브 없이 안전기능 달성

-공장에서 원자로 모듈을 반복 제작하여 경제성과 품질을 획기적으로 제고

-원자로 모듈 1기의 단독 건설부터 10여기의 중·대용량 구성까지 다양한 출력의 전기 또는 열 공급 가능

-분산형 전원, 화력발전 대체, 극지·원격지·이동식 전원, 전력망이 작은 개도국 건설 등 다양한 이용환경에 대응 용이

- 부하추종 운전능력을 갖추어 재생에너지의 간헐성을 보완하는데 유리
- 원자로 모듈의 지하·수중 배치를 통해 자연 재해(지진, 쓰나미 등)나 인공적 위해(항공기 충돌, 미사일 공격 등)에 대한 방호능력 강화 가능
- 높은 안전성과 자율운전 기능으로 극지/오지에서 소수 인력으로 운전 가능성
- 안정적인 전기 및 열공급(수소 생산, 해수담수화)이 가능하고, 육상용 원전 및 열공급원, 해상부유식 원전, 선박용원자로 등으로 다양한 활용 가능
- 핵연료 농축도를 15~20% 수준으로 높이면 핵연료 교체 없이 10년 이상 운전

□ SMR 개발 현황 및 시장 전망

○ 전 세계적인 SMR 개발 현황과 시장 전망을 다음 그림에 요약함

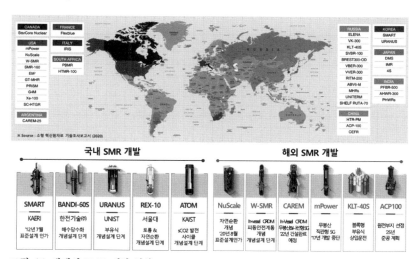

그림 66. 세계의 SMR 개발 현황.

그림 67. SMR 세계 시장 전망.

○ 미·러·중·캐·한·프 등에서 전 세계적으로 SMR에 대한 개발
  활동이 급증하고 일부 원자로에 대한 건설계획이 구체화되고 있음
- 경수로, 고온가스로, 액체금속로, 용융염원자로 등 다양한 노형이 개발 중
  ※ 최근 IAEA 보고서에 70여 종의 SMR 설계 포함
- 미국, 영국, 캐나다 등에서는 정부의 적극적 지원 하에 다수의 민간
  기업(전통적 원전기업, 스타트업, 벤처캐피탈)이 SMR 개발에 능동적으
  로 참여
- 미국의 NuScale(경수로), Natrium(액체금속로), XE-100(헬륨가스로)
  등이 건설 준비 중일 뿐만 아니라(2020년대 말 가동 예상), 러시아의
  부유식 원자로인 KLT-40S는 이미 상업운전 중이고, 중국에서도
  HTR-PM과 ACP100 건설 중

□ 국내외 비경수형 SMR 연구현황

○ 주요 원자력 선진국들은 경수형 SMR뿐만 아니라, 아래와 같이 다

양한 목적의 비경수형 SMR을 개발하고 있음

- SFR(소듐냉각고속로): 액체금속인 소듐을 냉각재로 하는 고속로로 사용후핵연료 방사능 저감과 핵연료 효율적 이용을 위해 개발

- LFR(납냉각고속로): 액체금속인 납이나 납-비스무스 합금을 냉각재로 하는 고속로로 SFR과 마찬가지로 사용후핵연료 방사능 저감과 핵연료 효율적 이용을 위해 개발

- GFR(가스냉각고속로): 헬륨 기체를 냉각재로 하는 고속로로 사용후핵연료 방사능 저감과 핵연료 효율적 이용을 위해 개발. 고온 수소 생산 및 공정열 공급에도 활용 가능

- VHTR(초고온가스로): 피복입자핵연료, 흑연 감속재 및 반사체, 헬륨 냉각재를 활용하는 원자로로, 높은 노심온도로 고효율 수소 생산, 산업용 증기 및 공정열에 유용

- MSR(용융염원자로): 용융염(Malten Salt)을 냉각재로 활용하는 원자로로, 고속로로 설계될 경우 고준위폐기물 저감에 활용될 수 있고, 토륨 핵주기는 경제성 및 핵비확산성 측면에서 많은 장점 보유

- HPR(히트파이프원자로): 펌프나 배관 대신 히트파이프로 원자로의 열을 전력변환계통으로 이송시키는 원자로로, 우주 탐사 등의 특수 목적용 초소형원자로로 개발

○ 비경수형 SMR은 고효율 수소 생산, 공정열 공급, 우주-극지 등 비전력망지역 전력 생산, 사용후 핵연료 방사능 저감 등 경수형 SMR보다 더 다양한 목적으로 활용될 수 있는 원자로임

- 캐나다는 GFR을 제외하고 위에 언급된 대부분의 노형에 대한 실증 과제 협력을 주정부별로 수행

표 23. 비경수로형 SMR 개발 동향.

노형	한국	미국 및 캐나다	러시아	중국	유럽	기타
SFR	KAERI 주도 실증로 공학설계 완료	테라파워의 실증로 개발 착수 (~'28) ARC의 ARC-100 실증로 개념 설계	실험로 BOR-60 운영 및 MBIR 건설 실증로 운영 및 상용로 건설 계획	'11년 러시아 기술 도입으로 실험로 운영 '23년 완료 목표로 실증로 CFR-600 건설 중	(프랑스) 원형 실증로 개발 계획 수립	(일본) Monju 원형로 폐로 후 신규 고속로 계획 중 (인도) '20년대 후반까지 실증로 2기 건설 계획
LFR	대학에서 소규모 연구 수행	-	NIKIET의 실증로 건설 허가 발급 및 '25년 완공 계획	실험로 건설 중(미임계로, 23년 예정, 100MWth)	(벨기에) 실험로(미임계로) 개념설계 (EU, 스웨덴) 실험로 개념 설계	-
GFR	-	GA社의 실험로 개념설계	-	-	(EU) 실험로 개념설계	-
VHTR	KAERI 주도로 VHTR을 위한 핵심 기술 개발	X-에너지의 실증로 개발 착수 (~'28) BWXT의 실증로 개념 설계 USNC의 실증로 사업(~'26) 국방부의 초소형 원자로 실증 (~'24)	ROSATOM의 LNG 개질용 고온가스로 개발	실험로 수소생산 연계 준비 실증로 운전 시작 ('21)	(EU) 공정열 공급용 고온 가스로 실증로 개념설계 (GEMINI)	(일본) 초고온실험로 HTTR 재가동 ('21~) (영국) 산업부의 고온가스로 개발 계획 발표 ('21)
MSR	기반 기술 확보 시작 ('21)	실험로 개발 및 개념-기술 개발 육성	실험로 건설 중('19 시작, 10MWth)	'20년대 후반까지 실험로 건설 (10MWth)	-	-
HPR	KAERI와 대학의 탐색 연구 착수 ('19~)	달기지 원자로 실증(~'28) 초소형원자로로 건설 및 통합 인허가 신청 (~'24)		개념 개발		

(참고) 개발 수준: 실험로 (기술 개발) < 실증로 (상용 수준 검증) < 원형로 (경제성까지 검증) < 상용로

나. 우리나라의 소형모듈원자로 개발 현황

□ SMR 개발 현황 요약

○ 우리나라는 열출력 330MW인 경수로형 SMR인 SMART를 개발하여 2012년 세계 최초로 설계인가를 받은 SMR이 되었으나, 국내 건설이나 수출은 실현되지 않음

-전력 공급과 해수 담수화 겸용으로 개발되었으며, 사우디아라비아에 건설하여 실증하기 위한 공동설계를 수행하여(사우디에서 1억 달러 투자) 현재 표준설계인가 심사 중

-사우디 건설계획은 본격 추진되지 못하고 있으나, 공동 연구 및 수출 노력 진행 중

-국내 실증로 건설이 이루어지지 않은 것이 SMART 수출에 가장 큰 제약 요소

○ 국내 원전 기술을 집대성하는 혁신형 소형모듈원자로(i-SMR) 개발이 추진되고 있음

-'20년 말 원자력진흥위원회에서 향후 8년간 i-SMR 개발에 약 4,000억 원을 투입하는 계획을 확정하고, '21.9월에 이 사업에 대한 예비타당성조사 신청

  ※범국가적 기술개발사업으로 산업통상자원부-과학기술정보통신부 공동 예타 신청

-i-SMR은 일반 대형원전에 비해 중대사고 확률을 1/1,000 이하로 사실상 배제하면서도 대형원전에 비견될 수준의 경제성을 갖도록 개발 목표

  ※i-SMR의 안전성 목표: 노심손상빈도 $1.0 \times 10^{-9}/R \cdot Y$ 이하(일반 대형원전 $1.0 \times 10^{-5}/R \cdot Y$ 이하)

※i-SMR의 경제성 목표: 균등화발전단가 65 USD/MWh 이하 (태양광 106 USD/MWh, 2020년 우리나라 기준)

-SMART와 비교한 i-SMR의 핵심 특성을 표 24에서 비교

표 24. SMART와 i-SMR의 주요 특성 비교.

계통/기기	SMART	i-SMR	기술 분류
핵연료/노심			
핵연료봉	UO2	UO2 (신형 핵연료 개발)	신기술
가연성독봉	B4C, Gd2O3	B4C, Gd2O3 (핵연료 내재형)	신기술
제어봉	B4C	B4C	동일기술
핵연료집합체	17×17 사각집합체	17×17 사각집합체	동일기술
제어봉구동장치	외장형	내장형	신기술
반응도 제어 봉산(액체)	사용	미사용	신기술
원자로계통			
원자로 배치	일체형원자로	일체형원자로	동일기술
원자로냉각재펌프	캔드모터펌프	캔드모터펌프(내장형)	개량기술
증기발생기	나선-관류형 증기발생기	나선-관류형 증기발생기	개량기술
가압기	증기가압기	증기가압기	동일기술
원자로용기 제작	기존 용접 방식	전자빔 용접	신기술
안전계통			
원자로비상정지	제어봉+안전주입+다양성	제어봉+반응도주입	개량기술
잔열제거계통	2차측 피동잔열제거	2차측 피동잔열제거	동일기술
안전주입계통	CMT, SIT (3일)	재순환밸브	신기술
격납용기냉각계통	IRWST 방출+열교환기	철제격납용기 표면	신기술
격납용기(물리적 방벽)	콘크리트 벽체(철제라이닝)	철제격납용기+원자로건물	신기술

제어/보호/감시/운전			
원자로보호계통	RPS	MPS/PPS	신기술
공학적안전설비작동계통	ESFAS	MPS/PPS	신기술
원자로제어계통	RRS	MCS	개량기술
플랜트제어계통	PCS	PCS	개량기술
제어실	1 MCR/Unit	1 MCR/4 Modules	신기술
운전원 수	4인/MCR	3 /MCR	신기술
부하추종	일일 부하추종	강화된 탄력운전	개량기술
종합설계/보조계통/터빈발전기			
터빈발전기	증기 터빈발전기	증기 터빈발전기	동일기술
주증기/급수계통	랭킨 사이클	랭킨 사이클	동일기술
화학및체적제어계통	수화학/붕산/체적 제어	수화학/체적 제어(모듈화)	개량기술
전력계통	안전/비안전 계통	비안전 계통	신기술
사용후핵연료 냉각방식	수냉각	수냉각	동일기술
원자로용기 배치	1 Rx/Unit	4 Modules/Unit	신기술
순차적 모듈화 가능	불가능	가능	신기술

□ SMR 개발 관련 논의

○ 현 탄소중립위원회의 '2050 탄소중립 시나리오 초안'에는 재생에
너지의 간헐성 문제를 완벽하게 해결하고 전력망의 신뢰성을 보장
해 줄 무탄소 전원인 SMR 기술 적용이 완전 배제됨

- 운영 중 탄소가 발생하지 않는 발전원은 재생에너지와 원자력밖에
없음

※IPCC '지구온난화 1.5℃ 특별보고서' 기준 전주기 탄소발생량은 가스복합발전이 490g/kWh인 반면, 원자력과 태양광은 각각 12g/kWh 및 41g/kWh 수준임

- 태양광 및 풍력 발전의 가장 큰 단점은 기상 변화에 따라 발전출력이 수시로 변화하는 간헐성 문제
- SMR은 가동 원자로모듈 수를 제어하거나, 소형 원자로가 갖는 고유한 출력제어 용이성으로 인해 낮에는 높은 출력으로, 밤에는 낮은 출력으로 운전할 수 있는 부하추종운전 성능이 우수(잠수함, 항공모함 등에서 출력조절 능력 입증)

○ 현행 원자력 규제체계는 대형 경수로에 맞추어져 있어, i-SMR을 비롯한 다양한 미래형 원자로들은 개발 후 인허가 취득에 불확실성이 매우 큼

- 미국의 경우 신형 원자로의 기술혁신 및 상용화 지원과 인허가 불확실성 완화 등을 위해, 초당적 협력으로 '원자력혁신역량법'Nuclear Energy Innovation Capability Act of 2017, NEICA, 2018.9)과 '원자력혁신현대화법'Nuclear Energy Innovation and Modernization Act, NEIMA, 2019.1) 제정

※NEICA법 Section 3: 적용 전pre-application) 및 적용(application)을 위한 인허가 심사 비용에 대해 비용분담보조금 제도를 만들어 인허가 비용 부담을 경감함

※NEICA법 Section 958: SMR을 포함한 첨단 원자로의 혁신기술개발 연구 활동 증진을 위해 민간 SMR 개발사업자가 국립연구소와 협력하여 국립연구소 부지 및 에너지부 부지에서 실증로를 건설할 수 있도록 지원하며, 민간사업자와 NRC와의 기술 및 지식 교류를

통해 첨단원자로의 기술 및 안전성 실증에 대한 협력 및 이해를 높이도록 함

※NEIMA법 Section 103: 예측 가능하고 효율적이며 적기에 인허가 심사가 이루어질 수 있도록 원자력규제위원회(NRC)의 규제개선을 법으로 공식화함. 특히, 2027년 12월 31일까지 원자력규제위원회는 신형원자로 인허가 신청자를 위한 신기술이 반영된 규제체계를 수립하도록 명시함

○ i-SMR을 국내 탄소중립계획에서는 배제하고 수출용으로만 활용하는 것은 비합리적임
-SMR은 부하추종 운전을 통한 재생발전의 간헐성 보완, 수소 생산, 열 공급 등 다양한 방법으로 탄소중립에 기여할 수 있음

[부록 5] 국제핵융합실험로

1. 개요

국제핵융합실험로International Thermonuclear Experimental Reactor, ITER 은 상용화 가능 최소 핵융합 효율의 확실한 달성을 목표로 하는 국제공동 핵융합 실험으로서, 미국, 러시아, 유럽 연합(28개국), 중국, 인도, 일본, 대한민국 총 34개국이 참여하는 역사상 가장 큰 규모의 국제연구개발사업이다.

2. 목표

핵융합을 연구하는 과학자들은 적어도 Q(에너지 증폭률) > 10 정도는 되어야 실제 사용이 가능할 정도로 보고 있으며 화력, 원자력발전 등을 완전히 대체하기 위해서는 Q=22 정도를 달성해야 한다. 그러나 현재 수준은 Q=1.25 정도에 불과하다. 그래서 ITER 프로젝트는 Q > 10수준으로 핵융합 발전의 가능성을 확인하는 것을 목표로 하고 있다. 현재 수준에선 점화(Q=무한)를 달성하는 것을 목표로 하지는 않는다. Q=22 달성을 목표로 하는 것은 ITER 다음의 DEMO 등이다.

3. 사업기간

1988년~2001년: 개념설계 및 공학설계 수행

2007년~2024년: 건설단계

2025년~2037년: 운영단계

2037년~2042년: 감쇄단계

2042년 이후: 해체단계

4. 상세 내용

1939년에 태양의 에너지원이 핵융합 반응이라는 것이 규명된 이래로 20여년간 각국 정부는 핵융합 반응이 수소폭탄의 원리와 관계가 있다는 점에서 비밀리에 연구를 진행했지만, 무기로서의 핵융합 기술이 아닌 전력 생산을 위한 핵융합 기술은 무척 어려웠습니다. 핵융합을 이용해 전력을 생산하기 위해선 플라즈마를 고온상태를 유지하면서 안정적으로 가두는 것이 필수적인데, 플라즈마를 1초 이상 유지하는 것 자체가 힘들었기 때문입니다. 그런데 1958년 국제회의에서 구소련이 발표한 토카막 방식의 T-3 장치가 당시 수준보다 10배나 높은 10,000,000℃의 온도를 달성하면서 도넛 형태의 토카막 장치가 핵융합 연구의 주역이 되었습니다. 1950~60년대에 이미 자국의 핵융합 연구개발 프로그램을 시작한 핵융합 선진국들은 토카막 연구장치 설계에서 출발하여 에너지 분기점(투입에너지=방출에너지)단계에 도달하는데 약 50년이 소요되었지만, 1990년대 중반부터 핵융합 연구에 구체적인 성과를 달성하기 시작했습니다.

ITER 계획은 1985년 당시 고르바쵸프 소련 서기장이 레이건 미국 대통령에게 인류의 미래를 위해서 안전한 핵융합 기술을 공동개발하자고 제안하면서 시작되었습니다. 첫 시작부터 15년의 연구 끝에 2001년 공학설계Engineering Design Activity가 완료되고, 2003년에는 중국과 대한민국이 추가로 참여하면서 전체 7개국(미국, 러시아, 유럽연합, 일본, 캐나다, 중국, 한국) 연합이 결성되고 이후 7개국은 구체적인 일정, 재원조달, 역할분담, 건설부지 등을 가지고 협상을 이어갔지만, 합의가 쉽지 않았습니다. 미국은 재정부담을 이유로 불참을 시사하면서 소극적인 태도를 보였고, 특히 프랑스와 일본이 건설부지 유치를 두고 한치의 양보도 없이 팽팽히 맞서면서 협상은 교착상태에 빠졌지요. 2004년에는 토론토 인근을 건설부지로 밀던 캐나다가 재원조달의 어려움을 이유로 탈퇴하면서 ITER 계

그림 68. ITER의 구조 (출처: https://www.iter.org).

획 자체가 위기에 빠지기도 했습니다. 하지만 지리한 협상 끝에 결국 프랑스 남부의 카다라쉬가 건설부지로 최종 확정되고, 탈퇴한 캐나다 대신 2005년 인도가 합류하면서 ITER 계획은 본궤도에 오르게 됩니다.

미국, 러시아, 유럽연합, 일본, 중국, 한국, 인도 7개국은 2006년 4월 최종문안 확인 후 5월 24일 벨기에 브뤼셀에서 가서명을 합니다. 이 가서명 문서는 2006년 11월 참여국간 "ITER 공동이행협정"에 대한 공식 서명이 이루어졌고, 참여 국가별 비준 후 2007년 10월 ITER 국제기구가 공식적으로 출범합니다.

ITER 공식 출범 이후, 2009년까지는 ITER가 건설될 42 헥타르의 부지를 정리하였고 2010년부터 본격적인 ITER의 건설이 시작되어 2017년 12월에 50% 완성을 선언했고, 현재까지 건설이 진행 중입니다. 이후 계획은 2021년 말까지 토러스^{Torus, Toroidal field coil}를 완성해 2024년 말까지 극저온 장치 완성, 이후 종합시운전에 들어가 2025년 12월 첫 플라즈마를 발생시키는 것입니다. 2035년까지 D-T 반응을 목표로 하고 있습니다.

[부록 6] 원자력발전의 원리[9]

원자력 에너지를 이용해 어떻게 인류에게 유용한 전기에너지를 생산할 수 있는지에 대해서 간략하게 알아보자. 우리가 알고 있는, 그리고 원자력 공학에서 중요하게 다루고 있는 원자는 세 가지 입자로 이루어져 있다. 바로 전자electron, 양성자proton, 중성자neutron다. 물론 최근에는 양성자와 중성자도 더 작은 입자(쿼크와 같은 입자)들로 구성되어 있다는 것을 힉스 보존 입자를 발견한 유럽원자핵공동연구소CERN 같은 곳에서 대형 입자가속기 등의 기술을 통해서 밝히고 있다. 하지만 현재 우리가 관심을 가지고 다룰 내용은 전자, 양성자, 중성자 정도의 구분만으로도 설명이 된다.

전자는 음(-)의 전하를, 양성자는 이름에서도 알 수 있듯이 양(+)의 전하를 띄고 있다. 같은 종류의 전하끼리는 서로 반발하며 다른 전하끼리는 서로 끄는 힘이 존재하는데, 이를 최초로 수식 형태로 표현한 사람

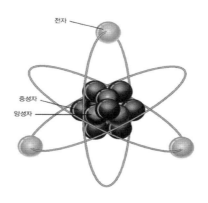

그림 69. 원자의 구조.

의 이름을 따서 '쿨롱^{Coulomb}의 힘'이라고 한다. 물질을 구성하는 기본 단위인 원자는 원자핵이라는 양성자와 중성자가 아주 좁은 공간 안에(10^{-14}m, 머리카락보다 10억 배 작은 공간) 함께 존재하며, 전자들이 원자핵 주위를 돌면서 원자를 이루고 있다. 원자핵을 구성하는 양성자의 숫자에 의해 물질을 구성하는 기본 원소들의 화학적 성질이 결정된다. 원자는 전기적으로 중성이기 때문에, 양성자와 같은 수의 전자가 원자핵 주위를 돌고 있다. 일례로 수소는 양성자 하나와 전자 하나로 이루어져 있으며, 탄소는 양성자 6개, 중성자 6개 그리고 전자 6개로 이루어져 있다. 동위원소들은 양성자의 수는 같은데 중성자의 숫자가 다른 경우다. 가장 좋은 예가 우라늄-235와 우라늄-238이다. 두 원소 모두 양성자의 수는 92개로 같으나 우라늄-235는 중성자가 143개이고, 우라늄-238은 중성자가 146개로 원자핵을 구성하는 총 입자의 수는 다르다. 하지만 양성자의 수가 같아서 화학적으로 성질은 같다.

같은 종류의 전하끼리는 서로 밀어내는 반발력이 존재하는데, 원자핵이라는 아주 조그마한 공간 안에 많은 수의 양성자(우라늄에는 92개가 존재함)가 함께 모여 있다는 점이다. 어떻게 이런 것이 가능할지에 대해 고민하던 과학자들은 우리가 일상생활에서 느끼는 중력과 전자기력 말고 원자를 구성할 때 필요한 힘인 강핵력이 존재한다는 것을 알게 됐다. 강핵력의 원천이 되는 에너지가 바로 핵에너지며, 원자력발전소에서 이용하는 에너지다.

그림 70의 그래프는 핵자당 결합에너지를 표현한 것이다. 그래프에서 X축은 질량수이며, 질량수는 원자핵에 양성자의 개수와 중성자의 개수를 더한 숫자다. Y축은 양성자나 중성자와 같은 핵자당 원자핵을 구성하는 데 필요한 결합에너지를 보여준다. 결합에너지가 높으면 높을수록 원자핵이 더 안정한 것을 의미하며, 결합에너지의 차이가 바로 우리가 말

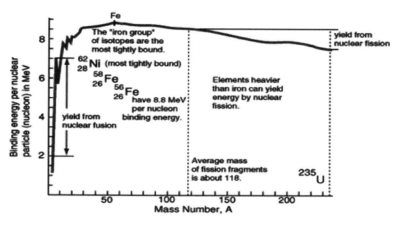

그림 70. 핵자당 결합에너지 (출처: 토론토 대학).

하는 핵에너지다.

X축 맨 왼쪽의 원소는 수소다. 수소는 핵자당 결합에너지가 낮기 때문에 다른 원소들과 융합해 안정한 철과 같은 원소가 되고자 한다. 이러한 원자핵과 원자핵이 융합하는 현상에서 발생하는 에너지를 활용하려고 하는 것이 바로 핵융합 발전이다. 반대로 X축 맨 오른쪽의 원소는 우라늄 등의 무거운 원소들이다. 이러한 원소들은 스스로 분열해 안정한 철과 같은 원소가 되고자 한다. 이러한 현상에서 발생하는 핵에너지를 이용하는 방식이 핵분열 발전이다. 즉, 불안정한 기름, 가스 등과 같은 휘발성 물질을 화학반응을 통해서 물, 이산화탄소 등의 안정한 물질로 바꾸는 과정에서 발생하는 열이 불인 것처럼, 원자력도 상대적으로 불안정한 원소를 인위적으로 안정한 원소로 만드는 과정에서 발생하는 열이다.

원자력 에너지를 이용한 발전방식은 대부분 우라늄이라는 원소를 채취해 핵분열 반응을 통해서 열을 얻고 이 열을 전기에너지로 바꾸는 방식이다. 우리가 꿈의 기술이라고 말하는 핵융합 발전은 희소한 우라늄 대신 지구에 많이 있는 물에 다량으로 포함된 수소를 이용하는 것을 의미하며, 수소를 이용할 경우에는 인류가 안고 있는 많은 에너지 문제가 해결될 수 있을 것으로 예측하고 있다.

불을 만드는 과정에서도 알 수 있듯이, 아무리 기름이나 가스 같은 휘발성이 강한 물질이라도 가만히 존재할 때는 스스로 불이 일어나지 않는다. 불씨가 있어야 기름이나 가스가 스스로 타면서 불이 붙게 된다. 이처럼 우라늄처럼 상대적으로 불안정한 원소도 가만히 존재할 때는 어떤 반응도 잘 일어나지 않는다. 이때 우라늄이 연쇄적으로 핵반응을 일으키기 위한 불씨 역할을 하는 것이 바로 중성자다. 그 원리는 비교적 간단하다. 앞에서 설명했던 것처럼 원자핵은 조그마한 공간에 다수의 양성자가 모여 있고 그 외부는 다량의 전자들이 감싸고 있어서, 전기적 성질을 띤 입자들은 전자와 양성자에 의한 쿨롱의 힘 때문에 대부분 원자핵에 도달하기 매우 어렵다. 따라서 전기적으로 중성을 띈 중성자 같은 입자만이 전기적인 힘의 영향을 받지 않고 원자핵에 도달해 원자핵에 잠든 핵에너지를 방출시킬 수 있다.

문제는 중성자를 만드는 것이 쉽지 않다는 점이다. 그러나 다행스럽게도 우라늄은 그림 71에서와 같이 한 번의 핵분열이 일어날 때마다 두 개에서 세 개 이상의 중성자를 방출한다. 즉, 핵분열 반응으로 중성자 하나를 소모하더라도 더 많은 중성자가 새롭게 생기기 때문에, 핵분열 반응이 핵연쇄반응이 된다.

재미있는 사실은 빠르게 움직이는 중성자보다 오히려 느리게 움직이는 중성자가 핵반응을 더 잘 일으킨다는 점이다. 그래서 과학자들과 공학자들은 핵분열에서 발생한 빠른 중성자를 여러 군데 부딪히게 해 천천히 움직이게 하는 방법을 생각했다. 이것은 맨해튼 프로젝트 당시 페르미와 질라드가 최초의 원자로에서 수행한 연구였다. 즉, 우라늄의 핵분

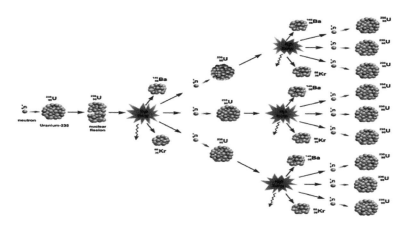

그림 71. 핵연쇄반응.

열반응에서 생성된 빠르게 움직이는 중성자를 흑연(중성자의 속도를 늦추기 때문에 감속재라고 함)에 부딪히게 해서 핵분열반응이 지속될 수 있게 한 것이었다.

하지만 폭탄을 만들 때는 흑연처럼 부피가 큰 감속재를 사용할 수 없으므로 빠른 중성자를 쓸 수밖에 없었다. 따라서 빠른 중성자를 활용해 핵연쇄반응을 일으키려면, 상대적으로 단위 부피당 핵분열반응을 잘 일으킬 수 있는 우라늄-235와 같은 물질이 많이 존재해야 한다. 이런 연유로 핵폭탄을 만들기 위해서는 특정 동위원소인 우라늄-235나 플루토늄-239와 같은 물질을 90% 이상 농축해야만 하는 것이다.

반대로 원자력발전소는 폭탄처럼 만들 이유가 없으므로 감속재를 사용하며 우라늄-235를 3~5% 정도로만 농축해 사용한다. 이 정도만 농축해도 충분히 원자핵에 잠든 핵에너지를 활용할 수 있다. 그러므로 "원자력발전소가 폭주하면 원자폭탄이 될 수 있다"라고 이야기하는 것은 근거 없는 낭설이다. 원자폭탄은 고농축 우라늄이나 플루토늄이 필요하지만,

상업용 원자력발전소는 저농축 우라늄으로 가동하기 때문에 물리적으로 원자력발전소가 원자폭탄이 된다는 것은 불가능하다. 다만 체르노빌이나 후쿠시마 사고에서와 같이 원자력발전소에서 사고가 나면, 폭발에 의한 위험보다 우라늄이 핵분열 반응을 일으키고 남은 물질 중 인체에 해로운 방사선을 내놓는 원소들이 퍼지는 위험이 훨씬 크다. 따라서 원자력발전소의 안전은 중요하다.

중성자로 인해 우라늄-235 및 플루토늄-239가 방출한 핵에너지는 열을 발생시킨다. 물과 같이 중성자의 감속재이자 발생한 열을 냉각할 수 있는 냉각재가 이 열을 식히면서 증기가 생기고, 이 증기를 이용해 터빈과 같은 기계장치를 돌려서 발전하는 것이 현재의 원자력발전소다. 즉, 석탄발전소가 석탄을 연소해 열을 만들고 이 열로 물을 증기로 만들어 발전하듯이, 원자력발전소는 중성자로 우라늄-235 및 플루토늄-239가 열을 만들게 해 이 열로 물을 증기로 발전을 한다(본문의 그림 21 참조).

맺음말

　원자력은 에너지 분야에서 현재 문명을 유지하기 위한 역할을 수행하고 있습니다. X-Ray, CT, PET 등을 빼고 현대 의학을 논하기는 어렵습니다. 산업 현장에서 비파괴 검사와 측정에서 방사선의 이용은 거의 절대적입니다. 문명이 발전을 멈추지 않는 한 원자력은 어떤 형태로든지 이용될 것입니다. 하지만 이것이 원자력 이용이 가지는 타당성의 전부는 아닙니다. 우리는 원자력이 이용되는 세상이 최대한 안전하도록 관련 기기들을 설계하고 점검하는 등의 노력하고 있습니다.

　원자력, 방사선은 100% 안전하지는 않습니다. 하지만 인간이 적극적으로 개입한 다른 여러 분야는 물론이고 가뭄, 홍수, 태풍, 지진 등 자연이 일으키는 위험에 대한 대비에 비해 더 엄격하게 위험을 관리하고자 노력하고 있는 것은 확실합니다. 원전 관계자들이 농담처럼 하는 이야기가 있습니다. "원자력발전소 근무자들은 지진이 발생하면 가족을 어디로 대피시킬까?" 답은 원자력발전소라고 합니다. 이 이야기는 원자력발전소가 지진에 대해 어느 정도 안전하게 대비되어 있는지를 상징적으로 보여준다고 할 수 있습니다.

2022년 3월에 발생한 경북 울진에서 일어난 산불 관련 기사에서도 원전 안전에 대한 국민들의 관심과 우려를 엿볼 수 있었습니다. 기사에서 한 전문가는 "비상디젤발전기가 가동되어서 원전 자체의 안전에는 문제가 없었겠지만 원전 부지 주변에 불이 번져 외부 전원이 차단된 매우 위험한 상황으로 보인다"라며 "화재 대응 매뉴얼이 있어도 천재지변인 산불 대응이 쉽지 않기 때문에 매우 심각하게 받아들여야 할 것"이라고 지적했습니다. 울진에서 발생한 산불로 한울 원전 부지의 전기 설비 인근까지 산불이 번졌다가 진화된 상황에서 나온 기사입니다. 사실 이러한 위험은 원전 설계 단계에서부터 이미 고려 대상이고, 그에 대한 대비 또한 되어 있습니다. 하지만 원전을 운영하고 감시하는 주체들은 한층 더 엄격한 잣대를 스스로에게 대고 있어야 합니다.

원자력 안전을 논의할 때 '얼마나 안전한가'뿐만 아니라 '얼마나 안전하게 인식되느냐'하는 점도 고려할 필요가 있습니다. 실제로 원자력이 어느 정도 안전성을 갖춘 에너지라고 하더라도 많은 이들이 걱정하거나 사실과는 다른 우려를 갖고 있다면, 원자력 에너지에 대한 불신은 지속될 것이기 때문입니다. 이것이 제가 이 책을 쓰게 된 중요한 동기입니다. 이 책을 통해서 원자력이 안전한 에너지로 쓰이기 위해 어떤 노력을 기울이고 있는지, 어떤 대비책을 갖추고 있는지 독자들이 알게 되고, 그래서 원자력 에너지가 모두에게 신뢰를 받을 수 있다면 더 바랄 것이 없겠습니다.

2021년 여름에 책을 쓰기 시작했습니다. 원래의 책 제목은 "원자력 전문가가 진솔하게 들려주는 원자력 안전 이야기"(가칭)였습니다. 이 책에서 원자력의 근원에서 시작하여 발견, 발전, 이용, 안전, 미래를 설명하고 원자력에 대한 부정적인 시각에 대해서도 자료를 바탕으로 과학적으로

서술하고자 했습니다. 이 책을 쓰면서 스스로의 오류 가능성을 인정하고 이를 염두에 두는 과학자의 자세와 양심을 바탕으로 진술하고자 노력했습니다.

책을 쓰기 시작한 그해 여름에 책에서 가장 중요한 내용의 집필을 마쳤습니다. 책의 핵심 메세지는 현재 4장의 서두인 "원자력은 안전할까?" 부분으로 책의 141쪽에서 144쪽까지, 총 4쪽에 걸쳐 다루었습니다. 원래는 1장(원자력의 탄생), 2장(원자력의 위험성), 3장(안전을 위한 규제)과 4장(안전에 대한 진솔한 생각)까지만 다루는 것으로 구상했으나, 미래 에너지 산업과 관련된 내용도 독자 분들께 널리 알리면 좋겠다는 출판사의 피드백을 받고 5장(우리나라의 미래 에너지)의 내용도 추가하게 되었습니다. 또한 이 책의 1쇄가 출간된 후, 이 책에서 핵융합 원리는 자세히 다루었지만 원자로 원리에 대한 설명이 없다는 예리한 지적이 들어왔습니다. 이에 따라 2쇄에서는 부록 6에서 원자력 발전의 원리에 대한 내용을 추가하였습니다. 책을 읽고 살펴 봐 주신 모든 분들께 감사합니다.

앞서 말씀드린 내용을 비롯해 2050 탄소중립, 원자력 수소 공급 등에 대한 내용도 함께 아우르게 된 이 책이 미약하나마 독자들에겐 유익하기를, 그리고 관련 산업 종사자, 정책 관계자 및 진로를 희망하는 이들에게는 힘이 되기를 소망합니다. 이런 저의 진심이 잘 전달되어, 이 책을 통해 원자력을 다시 생각할 수 있는 기회를 많은 분들이 가지셨으면 좋겠습니다. 대단히 감사합니다.

2022년 4월 대전 노은동에서
어 근 선 드림

참고문헌

1. Wikipedia (2021), https://ko.wikipedia.org [assessed 21 August 2021].
2. 동아사이언스 (2021), 방사능의 발견 https://www.dongascience.com/news.php?idx=48814 [assessed 23 August 2021].
3. 웨이드 앨리슨(강건욱 옮김), "공포가 과학을 집어삼켰다", 글마당, 2021
4. 시사위크 (2019), S반도체 '방사선 피폭 사고', 후폭풍 일파만파 www.sisaweek.com/news/articleView.html?idxno=126435 [assessed 25 August 2021].
5. Institute for Science and International Security (2021). Background Radiation in Denver https://isis-online.org/risk/tab7 [assessed 29 August 2021].
6. 한국원자력안전재단, "방사선안전 기본교육", 2019
7. 백원필 외, "후쿠시마 원전사고의 논란과 진실", 동아시아, 2021
8. 정규환 외, "방사선사고", 한국원자력안전기술원, 2014
9. 이정익, "원자력 이야기", 살림, 2015
10. 방광현, "중대사고 해석 전산코드 발전방향에 대한제언", 2021 원자력 안전해석 심포지엄(on-line), 2021. 9. 1.
11. 송하중 외, "해외 원자력 안전 규제기관의 조직·인력·운영에 관한 조사연구", 교육과학기술부, 2012. 2.
12. 마아클 폭스(조규성 옮김), "WHY 원자력이 필요한가", 글마당, 2020
13. 백원필, "우리나라 원자력 현황과 정책 방향", 2021.8, https://m.facebook.com/story.php?story_fbid=3982418715199958&id=100002956050177
14. 황용수 외, "사용후핵연료 처분 기술 개론", 한스하우스, 2020
15. NRC (2021), https://www.nrc.gov/waste/spent-fuel-storage/faqs.html#20 [assessed 24 September 2021].
16. POWERmagazine (2021), www.powermag.com/nrc-issues-final-rule-to-replace-waste-confidence-decision-ends-licensing-suspension/ [assessed 24 September 2021].
17. http://www.ilyoseoul.co.kr/news/articleView.html?idxno=456484
18. 한국원자력학회 외, "탄소중립과 미래세대를 위한 국가 원자력정책 제안서", 2021. 12
19. 에너지경제연구원, "세계원전시장 Insight", 2018. 11. 30
20. 한국원자력학회 후쿠시마위원회, "후쿠시마 원전사고 분석 - 사고내용, 결과, 원인 및 교훈", 2013.3

그림 목차

표 목차

다시 생각하는 원자력

원자력의 올바른 이해를 위하여

초판 1쇄 인쇄 2022년 5월 4일
초판 2쇄 발행 2022년 8월 22일

지은이 어근선
펴낸곳 (주)엠아이디미디어
펴낸이 최종현
기획 김동출 이휘주 최종현
편집 이휘주
교정 이휘주
마케팅 유정훈
디자인 이창욱

주소 서울특별시 마포구 신촌로 162 1202호
전화 (02) 704-3448 **팩스** 02) 6351-3448
이메일 mid@bookmid.com **홈페이지** www.bookmid.com
등록 제2011—000250호
ISBN 979-11-90116-64-0(93400)